# Mitteilungen über Forschungsarbeiten.

Die bisher erschienenen Hefte enthalten:

## Heft 1. vergriffen.
**Bach:** Untersuchungen über den Unterschied der Elastizität von Hartguß (abgeschrecktem Gußeisen) und von Gußeisen gewöhnlicher Härte.
—, Zur Frage der Proportionalität zwischen Dehnungen und Spannungen bei Sandstein.
—, Versuche über die Abhängigkeit der Festigkeit und Dehnung der Bronze von der Temperatur.
—, Versuche über das Arbeitsvermögen und die Elastizität von Gußeisen mit hoher Zugfestigkeit.
—, Versuche über die Druckfestigkeit hochwertigen Gußeisens und über die Abhängigkeit der Zugfestigkeit desselben von der Temperatur.
—, Untersuchung über die Temperaturverhältnisse im Innern eines Lokomobilkessels während der Anheizperiode.

## Heft 2. vergriffen.
**Stribeck:** Kugellager für beliebige Belastungen.
**Göpel:** Die Bestimmung des Ungleichförmigkeitsgrades rotierender Maschinen durch das Stimmgabelverfahren.
**Holborn** und **Dittenberger:** Wärmedurchgang durch Heizflächen.
**Lüdicke:** Versuche mit einem Lufthammer.

## Heft 3. vergriffen.
**Meyer:** Untersuchungen am Gasmotor.
**Martens:** Zugversuche mit eingekerbten Probekörpern.
**Werkzeugstahl-Ausschuß** Schnelldrehstahl.

## Heft 4. vergriffen.
**Bach:** Versuche über die Abhängigkeit der Zugfestigkeit und Bruchdehnung der Bronze von der Temperatur.
**Lindner:** Dampfhammer-Diagramme.
**Bach:** Eine Stelle an manchen Maschinenteilen, deren Beanspruchung aufgrund der üblichen Berechnung stark unterschätzt wird.
**Körting:** Untersuchungen über die Wärme der Gasmotorenzylinder.
**Claaßen:** Die Wärmeübertragung bei der Verdampfung von Wasser und von wässrigen Lösungen.

## Heft 5. vergriffen.
**Bach:** Die Elastizität der an verschiedenen Stellen einer Haut entnommenen Treibriemen.
**Staus:** Beitrag zur Wärmebilanz des Gasmotors.
**Pfarr:** Bremsversuche an einer New American-Turbine.
**Bach:** Zur Frage des Wärmewertes des überhitzten Wasserdampfes.

## Heft 6. vergriffen.
**Schröder:** Versuche zur Ermittlung der Bewegungen und Widerstandsunterschiede großer gesteuerter und selbsttätiger federbelasteter Pumpen-Ringventile.
**Westberg:** Schneckengetriebe mit hohem Wirkungsgrade.
**Frahm:** Neue Untersuchungen über die dynamischen Vorgänge in den Wellenleitungen von Schiffsmaschinen mit besonderer Berücksichtigung der Resonanzschwingungen.

## Heft 7. vergriffen.
**Stribeck:** Die wesentlichen Eigenschaften der Gleit- und Rollenlager.
**Schröter:** Untersuchung einer Tandem - Verbundmaschine von 1000 PS.
**Austin:** Ueber den Wärmedurchgang durch Heizflächen.

## Heft 8. vergriffen.
**Langen:** Untersuchungen über die Drücke, welche bei Explosionen von Wasserstoff und Kohlenoxyd in geschlossenen Gefäßen auftreten.
**Meyer:** Untersuchungen am Gasmotor.

## Heft 9. vergriffen.
**Lasche:** Die Reibungsverhältnisse in Lagern mit hoher Umfangsgeschwindigkeit.
**Dittenberger:** Ueber die Ausdehnung von Eisen, Kupfer, Aluminium, Messing und Bronze in hoher Temperatur.
**Bach:** Die Elastizitäts- und Festigkeitseigenschaften der Eisensorten, für welche nach dem vorhergehenden Aufsatz die Ausdehnung durch die Wärme ermittelt worden ist.
—, Versuche zur Klarstellung der Verschwächung zylindrischer Gefäße durch den Mannlochausschnitt.

## Heft 10.
**Günther:** Verfahren zur Gewinnung von Kupfer und Nickel aus kupfer- und nickelhaltigen Magnetkiesen.
**Grübler:** Versuche über die Festigkeit von Schmirgel- und Karborundumscheiben.
**Klein:** Reibungsziffern für Holz und Eisen.

## Heft 11.
**Schmidt:** Untersuchungen über die Umlaufbewegung hydrometrischer Flügel.
**Bach** und **Roser:** Untersuchung eines dreigängigen Schneckengetriebes.
**Frank:** Neuere Ermittlungen über die Widerstände der Lokomotiven und Bahnzüge mit besonderer Berücksichtigung großer Fahrgeschwindigkeiten.
**Bach:** Abhängigkeit der Wirksamkeit des Oelabscheiders von der Beschaffenheit des den Dampfzylindern zugeführten Oeles.

## Heft 12. vergriffen.
**Lewicki:** Die Anwendung hoher Ueberhitzung beim Betrieb von Dampfturbinen.

## Heft 13.
**Grießmann:** Beitrag zur Frage der Erzeugungswärme des überhitzten Wasserdampfes und sein Verhalten in der Nähe der Kondensationsgrenze.
**Diegel:** Der Einfluß von Ungleichmäßigkeiten im Querschnitte des prismatischen Teiles eines Probestabes auf die Ergebnisse der Zugprüfung.
**Schimanek:** Versuche mit Verbrennungsmotoren.
**Stribeck:** Der Warmzerreißversuch von langer Dauer. Das Verhalten von Kupfer.

## Heft 14 bis 16. vergriffen.
**Berner:** Die Erzeugung des überhitzten Wasserdampfes.

## Heft 17.
**Meyer:** Versuche an Spiritusmotoren und am Diesel-Motor.
**Pfarr:** Bremsversuche an einer Radialturbine.
**Bach:** Versuche mit Granitquadern zu Brückengelenken.

## Heft 18.
**Schlesinger:** Die Passungen im Maschinenbau.
**Brauer:** Leistungsversuche an Linde Maschinen.
**Büchner:** Zur Frage der Lavalschen Turbinendüsen.

## Heft 19.
**Schröter** und **Koob:** Untersuchung einer von Van den Kerchove in Gent gebauten Tandemmaschine von 250 PS.
**Gutermuth:** Versuche über den Ausfluß des Wasserdampfes.
—, Die Abmessungen der Steuerkanäle der Dampfmaschinen.
**Strahl:** Vergleichende Versuche mit gesättigtem und mäßig überhitztem Dampf an Lokomotiven.

## Heft 20.
**Bach:** Versuche mit Sandsteinquadern zu Brückengelenken.
**Stahl:** Untersuchung des Auslaufweges elektrischer Aufzüge.

## Heft 21.
**Berner:** Die Fortleitung des überhitzten Wasserdampfes
**Knoblauch, Linde, Klebe:** Die thermischen Eigenschaften des gesättigten und des überhitzten Wasserdampfes zwischen 100° und 180° C. I. Teil.
**Linde:** Die thermischen Eigenschaften des gesättigten und des überhitzten Wasserdampfes zwischen 100° und 180° C. II. Teil.
**Lorenz:** Die spezifische Wärme des überhitzten Wasserdampfes.

## Heft 22.
**Bach:** Versuche über den Gleitwiderstand einbetonierten Eisens.
**Klein:** Ueber freigehende Pumpenventile.
**Fuchs:** Der Wärmeübergang und seine Verschiedenheiten innerhalb einer Dampfkesselheizfläche.

## Heft 23.
**Baum** und **Hoffmann:** Versuche an Wasserhaltungen (Dampfwasserhaltung der Zeche Victor, hydraulische Wasserhaltung der Zeche Dannenbaum, Schacht II und elektrische Wasserhaltungen der Zechen Victor A. von Hansemann und Mansfeld).

# Mitteilungen

über

# Forschungsarbeiten

auf dem Gebiete des Ingenieurwesens

insbesondere aus den Laboratorien
der technischen Hochschulen

herausgegeben vom

Verein deutscher Ingenieure.

**Heft 97.**

Springer-Verlag Berlin Heidelberg GmbH
1911

ISBN 978-3-662-01914-6      ISBN 978-3-662-02209-2 (eBook)
DOI 10.1007/978-3-662-02209-2

# Inhalt.

|  | Seite |
|---|---|
| Die Berechnung der Scheibenkolben. Von C. Pfleiderer. | 1 |
| Der Einfluß von Löchern oder Schlitzen in der neutralen Schicht gebogener Balken auf ihre Tragfähigkeit. Von C. Pfleiderer. | 37 |

# Die Berechnung der Scheibenkolben.

## Von Dr.-Ing. C. Pfleiderer, Mülheim-Ruhr.

Die nachstehende Arbeit ist infolge einer Anregung von Herrn Baudirektor Professor Dr.-Ing. v. Bach entstanden. Sie verfolgt in erster Linie den Zweck, die von diesem durchgeführten Versuche mit Scheibenkolben[1]) zu einer den Bedürfnissen des Ingenieurs entsprechenden Berechnung der Kolben zu verarbeiten. Einem besonderen Wunsche von Herrn Bach folgend, sind namentlich auch die älteren hierher gehörenden Versuche französischer Ingenieure nach Möglichkeit mit herangezogen worden. Bei der Fertigstellung dieser Arbeit sind mir von meinem früheren Lehrer des öfteren wertvolle Hinweise und tatkräftige Unterstützung zuteil geworden. Auch einige von mir gewünschte Ergänzungsversuche wurden durchgeführt (vergl. S. 32 und 33 sowie S. 42 bis 47). Es ist mir deshalb ein Bedürfnis, für dieses Entgegenkommen auch an dieser Stelle meinen aufrichtigen Dank auszusprechen.

Im Folgenden wird zunächst eine Zusammenstellung der verschiedenen Arten der Berechnung der Kolben, soweit sie in der Literatur Eingang gefunden haben, gegeben. Dabei sollen die einzelnen Verfahren in der Reihenfolge, wie sie bekannt geworden sind, Erwähnung finden.

### 1) Annäherungsrechnung.

Unter dem Vorbehalt, die erhaltenen Gleichungen durch den Versuch auf den Grad ihrer Genauigkeit zu prüfen, hat Bach in seiner Arbeit »Elastizität und Festigkeit«[2]) zur Berechnung ebener Platten einen Annäherungsweg eingeschlagen, der auch zur Ermittelung der Anstrengung der Kolben benutzt worden ist. Man denkt sich den Kolben längs eines Durchmessers eingespannt und behandelt ihn als einen durch die Kolbenpressung belasteten, auf Biegung beanspruchten Träger.

Bezeichnet:

$R$ den Kolbenhalbmesser,

$\Theta$ das Trägheitsmoment des Kolbenquerschnitts,

$e$ den Abstand des entferntesten Punktes des Querschnitts von der zur Kolbenachse senkrechten Schwerpunktachse,

$k_b$ den Koeffizienten der zulässigen Anstrengung des Kolbenmaterials auf Biegung,

---

[1]) Mitteilungen über Forschungsarbeiten Heft 31.

[2]) Vergl. 1. Auflage S. 351 bis 368, 5. Auflage S. 593 bis 617, ebenso die »Maschinenelemente« desselben Verfassers 2. Auflage (1891/92 S. 512 bis 519); 10. Auflage (1908 S. 836 bis 838).

so erhält man für das biegende Moment an der Einspannstelle

$$M_b = p \frac{R^2 \pi}{2} \frac{4R}{3\pi} = {}^2/_3 \, p \, R^3,$$

und es ergibt sich damit folgende Gleichung als Bedingung dafür, daß die Beanspruchung des Kolbens die zulässige Anstrengung des Materials nicht überschreitet:

$${}^2/_3 \, p \, R^3 \leq \mu \frac{\Theta}{e} k_b \quad \ldots \ldots \ldots \ldots \quad (1).$$

Hierin ist der Größe $\mu$ die Bedeutung eines durch Versuche zu bestimmenden Berichtigungskoeffizienten beigelegt.

In der Erwägung, daß die Bruchlinie zertrümmerter Kolben fast stets um die Nabe herum verläuft[1]), wird bei der Berechnung des Wertes $\Theta$ im allgemeinen der Querschnitt der Nabe nicht berücksichtigt.

Indem diese Rechnungsweise die bei einem einfachen geradlinigen Träger vorhandenen Verhältnisse zugrunde legt, läuft sie darauf hinaus, die Biegungsspannungen nur als abhängig zu betrachten von dem Abstand des Flächenelementes von der Nullachse und als unabhängig von dessen Entfernung von der Nabenmitte. Dieser Abweichung sollte der oben eingeführte Berichtigungskoeffizient $\mu$ Rechnung tragen.

In der Zeitschrift des Vereines deutscher Ingenieure[2]) ist eine bemerkenswerte Anwendung dieses Verfahrens auf den gebrochenen Kolben einer Schiffsmaschine veröffentlicht, wobei insbesondere auch die den Kolben beanspruchenden Beschleunigungskräfte in Rechnung gezogen sind.

## 2) Verfahren von Reymann.

Im Jahre 1896 veröffentlichte[3]) Reymann eine längere Abhandlung über die Festigkeit der Kolbenkörper. Er untersucht der Reihe nach die Beanspruchung von Stahlkolben, Fig. 1, von Hohlkolben mit Rippen, Fig. 7, und von Trichterkolben, Fig. 9.

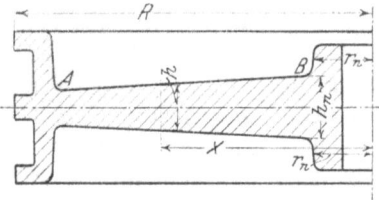

Fig. 1.

a) Stahlkolben. Reymann behandelt den Stahlkolben als einen Umdrehungskörper, der aus Nabe, Scheibe und einem sich an die Scheibe anschließenden Hohlzylinder besteht, Fig. 2. Er verfährt in der Weise, daß er die Scheibe durch unendlich viele, den sehr kleinen Zentriwinkel $w$ einschließende, axiale Schnittebenen in Körper von der Form $ABCD$, Fig. 3, d. h. in lauter Sektoren einteilt. Von dem seitlichen Zusammenhang dieser Sektoren unter sich sieht er ab und berechnet diese als stabförmige Träger, die außen bei $AA_1$, Fig. 2, im

---

[1]) Vergl. C. Bach, Maschinenelemente 2. Auflage (1891/92) S. 515; 10. Auflage (1908) S. 838.

[2]) 1893 S. 1082, Vortrag von Missong über die Ursache der Zerstörung von Verbundmaschinen.

[3]) Zeitschrift des Vereines deutscher Ingenieure 1896 S. 120 u. ff.

äußeren Hohlzylinder eingespannt und innen bei $BB_1$ in der Nabe eingespannt und unterstützt sind. Er nimmt damit an, daß die Mittellinie $MN$ dieser Sektoren bei der Belastung durch den Druck $p$ die Form der in Fig. 4 gezeichneten Kurve $MN_1$ annimmt, die in $M$ und $N$ wagerechte Tangenten hat.

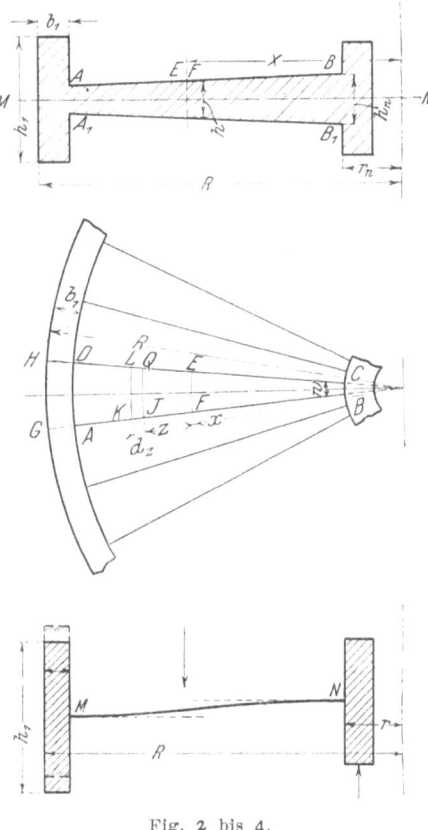

Fig. 2 bis 4.

Es bezeichne unter Bezugnahme auf Fig. 2 bis 4

$M_0$ das durch die Einspannung der Sektoren bei $AA_1$ (Fig. 2) entstehende zusätzliche Biegungsmoment,

$w$ den zu einem Sektor gehörenden, sehr kleinen Zentriwinkel,

$R$ den Kolbenhalbmesser,

$r_n$ den Halbmesser der Nabe,

$h$ die Dicke der Scheibe in der Entfernung $x$ von der Achse, Fig. 1 und 2,

$h_n$ die Dicke der Scheibe beim Uebergang an die Nabe,

$h_1$ die Höhe des äußeren Hohlzylinders,

$b_1$ die Wandstärke des äußeren Hohlzylinders.

Das Biegungsmoment in einem beliebigen Querschnitt $EF$, Fig. 3, des Sektors $ABCD$ ergibt sich als die Summe aus dem Moment des auf die Fläche $EFGH$ wirkenden Dampfdruckes und dem Einspannmoment $M_0$. Auf das Element $JKLQ$ des Sektors, dessen Inhalt gleich $(x+z)w\,dz$ ist, entfällt der Druck $p(x+z)w\,dz$. Das Moment dieser Kraft in bezug auf den Querschnitt $EF$ beträgt:

$$dM_1 = p(x+z)w\,dz\,z.$$

Das von der Kolbenpressung insgesamt herrührende Moment beträgt somit

$$M_1 = \int\limits_{z=0}^{z=R-x} p\,(x+z)\,w\,dz\,z = p\,\frac{w}{6}\,(x+2R)(R-x)^2.$$

Hierzu ist das Einspannmoment $M_0$ algebraisch zu addieren, um das Biegungsmoment bei $EF$ zu erhalten, also

$$M = p\,\frac{w}{6}(x+2R)(R-x)^2 + M_0 = p\,\frac{w}{6}(2R^3 - 3R^2x + x^3) + M_0 \quad . \quad (2).$$

Die Bestimmung von $M_0$ geschieht mit Hülfe der Gleichung der elastischen Linie

$$\frac{\Theta}{\alpha}\frac{d^2y}{dx^2} = M = p\,\frac{w}{6}(2R^3 - 3R^2x + x^3) + M_0 \quad \ldots \quad (3),$$

worin $\Theta$ das Trägheitsmoment des zu dem Halbmesser $x$ gehörenden Querschnitts eines Sektors bedeutet, also

$$\Theta = {}^1/_{12}\,x w h^3.$$

Reymann nimmt nun an, daß die Scheibe so geformt sei, daß $\Theta$ seinen Wert über die ganze Länge des Sektors nicht ändert. Dies ist der Fall, wenn

$${}^1/_{12}\,x w h^3 = {}^1/_{12}\,r_n w h_n^3,$$

woraus sich als Scheibendicke in der Entfernung $x$ ergibt

$$h = h_n \sqrt[3]{\frac{r_n}{x}} \quad \ldots \ldots \ldots \quad (4).$$

Den dieser Gleichung entsprechenden Verlauf der Linie $AB$, Fig. 1, setzt Reymann voraus. Da nun $\Theta$ unveränderlich ist, so wird nach Integration von Gl. (3)

$$\frac{\Theta}{\alpha}\frac{dy}{dx} = \frac{pw}{6}\left(2R^3 x - {}^3/_2 R^2 x^2 + \frac{x^4}{4}\right) + M_0 x + C \quad \ldots \quad (3\,a).$$

Hierin ist die Integrationskonstante $C$ und das bis jetzt unbekannte Moment $M_0$ durch die an beiden Enden als vollkommen angenommene Einspannung der Sektoren bestimmt, nämlich, daß mit $x = r_n$ und $x = R$ diese Gleichung für $\frac{dy}{dx}$ den Wert null ergibt. Man erhält

$$M_0 = -p\,\frac{w}{24}(R-r_n)^2(3R+r_n) \quad \ldots \ldots \quad (5)$$

und damit aus Gl. (2) das biegende Moment in jedem beliebigen Querschnitt. Dieses erlangt seinen größten Wert mit $x = r_n$, d. h. an der Nabe, nämlich

$$M_n = \frac{pw}{24}(R-r_n)^2(5R+3r_n).$$

Damit hat man als größte Biegungsspannung

$$\sigma_b = \frac{\frac{h_n}{2} M_n}{{}^1/_{12}\,r_n w h_n^3}$$

oder

$$\sigma_b = \frac{p}{4 h_n^2}(R-r_n)^2\left[5\frac{R}{r_n} + 3\right] \quad \ldots \ldots \quad (6).$$

Die größte Schubspannung tritt ebenfalls beim Uebergang an die Nabe auf. Die Schubkraft $S$ ist dort für jeden Sektor gleich dem insgesamt auf einen Sektor wirkenden Druck:

$$S = \pi(R^2 - r_n^2) p \frac{w}{2\pi} = \frac{w}{2}(R^2 - r_n^2) p.$$

Hieraus bestimmt Reymann die Schubspannung in der neutralen Faserschicht nach der Beziehung, die für Träger mit rechteckigem Querschnitt von gleichbleibender Höhe gültig ist[1]),

$$\tau_{max} = {}^3/_2 \frac{S}{f},$$

womit

$$\tau_{max} = {}^3/_2 \frac{S}{r_n w h_n} = {}^3/_4 \frac{R^2 - r_n^2}{r_n h_n} p \quad \ldots \ldots \quad (7).$$

Durch das im Querschnitt $AA_1$ radial wirkende Einspannmoment $M_0$ wird in dem äußeren Hohlzylinder auch ein tangential wirkendes Biegungsmoment $M'$ hervorgerufen. Schneidet man sich nämlich aus dem Hohlzylinder das zu dem Sektor $ABCD$, Fig. 3, gehörende Stück $GADH$ heraus, das in Fig. 5

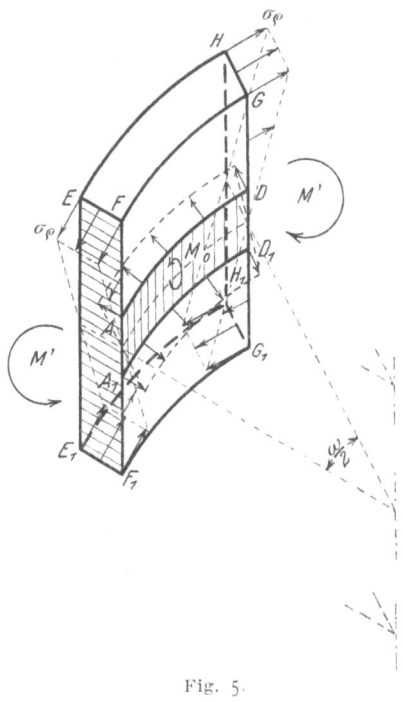

Fig. 5.

perspektivisch durch den Körper $EFGHE_1F_1G_1H_1$ dargestellt ist, so erkennt man, daß dieser Körper nur dann im Gleichgewicht ist, wenn das in der Schnittfläche $ADD_1A_1$ wirkende Einspannmoment $M_0$ durch die in den seitlichen

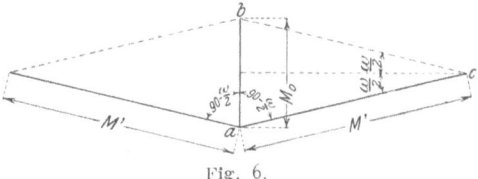

Fig. 6.

---

[1]) Die genaue Beziehung lautet

$$\tau = {}^3/_2 \frac{S}{f} - \frac{\sigma_b}{4} \operatorname{tg} \alpha,$$

worin $\alpha$ der Neigungswinkel der Linie $AB$, Fig. 2, an der betreffenden Stelle gegen die Mittellinie des Stabes ist.

Schnittflächen wirkenden Momente $M'$ aufgehoben wird. Diese werden bestimmt, indem man die Momente nach Größe durch die auf ihren Ebenen senkrechten Paarachsen ersetzt und letztere nach den für einfache Kräfte geltenden Gesetzen zu dem Dreieck $abc$, Fig. 6, zusammensetzt. Da der Winkel $w$ sehr klein ist, so erhält man nun

$$\frac{M_0}{2} = M' \sin \frac{w}{2} = \frac{w}{2} M',$$

woraus

$$M' = \frac{M_0}{w} \quad \ldots \ldots \ldots \ldots (8)$$

oder mit Gl. (5)

$$M' = -\frac{p}{24}(R - r_n)^2 (3R + r_n).$$

Damit ergibt sich als Biegungsspannung längs der Kante $HG$, Fig. 5,

$$\sigma_p = \frac{\frac{h_1}{2} M'}{1/12\, b_1 h_1^3}$$

$$\sigma_p = \frac{p}{4} \frac{3R + r_n}{b_1 h_1^2}(R - r_n)^2 \quad \ldots \ldots \ldots (9).$$

Diese Rechnungsweise von Reymann ist, auch wenn man von der Vernachlässigung der Tangentialspannungen in der Kolbenscheibe absieht, nicht ganz folgerichtig. Er berechnet die Tangentialspannungen in dem Hohlzylinder, läßt aber außer acht, daß infolge der mit diesen Spannungen verbundenen Dehnungen der Hohlzylinder die Gestalt eines abgestumpften Hohlkegels annimmt und dadurch der Querschnitt des Hohlzylinders verdreht wird. Infolgedessen wird die äußere Einspannung der Sektoren unvollkommen. Aehnlich verhält es sich mit der Einspannung an der Nabe. Auch hier erzeugt das radiale Moment $M_n$ ein den Querschnitt der Nabe auf Biegung beanspruchendes tangentiales Moment $\frac{M_n}{w}$ (s. Gl. (8)), das die Nabe deformiert und dadurch auch den Grad der Einspannung der Kolbenscheibe in der Mitte verringert.

b) Hohlkolben, Fig. 7. Reymann vernachlässigt hier den versteifenden Einfluß des äußeren Hohlzylinders, ebenso den der Rippen, sofern sie Normalspannungen zu übertragen haben, weil beide Konstruktionsteile nur den Zweck hätten, »beide Scheiben so zu vereinigen, daß die Verbiegung einheitlich werde.« Die Auffassung des Hohlkolbens als eines aus unendlich vielen Sektoren bestehenden Körpers, die nur an der Nabe eingespannt sind, behält er bei. Er berechnet also die Anstrengung des Kolbens als die eines einfach eingespannten Balkens.

Bezeichnet (vergl. Fig. 7)

$h_{na}$ die Dicke des Kolbens an der Nabe,
$h_{ni}$ die dort vorhandene lichte Weite,
$b$ die Breite der Rippen,

so erhält man, wenn die früheren Bezeichnungen auch weiterhin Verwendung finden, als größte Biegungsspannung

$$\sigma_b = p \frac{h_{na}(2R + r_n)(R - r_n)}{r_n (h_{na}^3 - h_{ni}^3)} = \frac{p\, h_{na}}{r_n} \frac{2R^3 - 3R^2 r_n + r_n^3}{h_{na}^3 - h_{ni}^3} \quad \ldots (10).$$

Die hierbei gemachte Voraussetzung, daß beim Verbiegen der Sektoren die Querschnitte eben bleiben, ist nur dann einigermaßen erfüllt, wenn die Rippen imstande sind, die vorhandenen Schubspannungen zu übertragen. Schneidet man aus dem Kolben einen solchen Sektor $BAC$ (Fig. 8) heraus, bei dem die beiden

Schnittflächen $AB$ und $AC$, Fig. 8, die von drei aufeinanderfolgenden Rippen gebildeten Winkel halbieren, so muß die in der Mittellinie dieses Sektors befindliche Rippe die am Sektor wirkenden Schubkräfte übertragen können. Hieraus berechnet Reymann, falls $m$ Rippen vorhanden sind, den folgenden Wert für die größte Schubspannung:

$$\tau_{max} = {}^3/_2 \frac{p}{b} \frac{h_{na}^2 - h_{ni}^2}{h_{na}^3 - h_{ni}^3} (R^2 - r_n^2) \sin \frac{180^0}{m} \quad \ldots \ldots \quad (11).$$

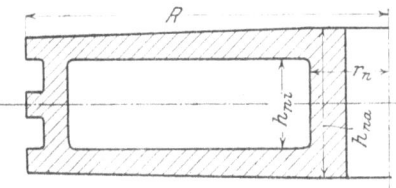

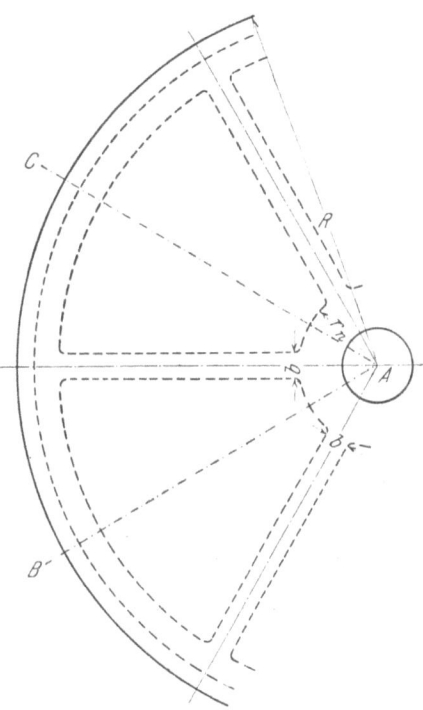

Fig. 7 und 8.

c) **Trichterkolben**, Fig. 9. Die Anstrengung eines solchen Kolbens erhält Reymann, indem er aus dem Trichter ein Element $ABCD$ herausschneidet, das durch zwei benachbarte Parallelkreis- und zwei benachbarte Meridianschnitte begrenzt ist, Fig. 10 und 11. Er vernachlässigt stillschweigend die auftretenden Verbiegungen und bringt deshalb an den Schnittflächen nur gleichmäßig verteilte Normalkräfte an.

Wenn für jedes cm Länge des Bogens des Parallelkreises mit dem Halbmesser $x$ die Normalkraft in Richtung der Mantellinien gleich $N_m$ ist, so beträgt die an der oberen Schnittfläche $BC$, Fig. 11, wirkende Kraft $N_m x w$ und die an der unteren Schnittfläche $AD$ wirkende Kraft $N_m x w + d(N_m x) w$. Da der von der Pressung $p$ auf das Element $ABCD$ ausgeübte Druck gleich ist

$$p\,ds\,x\,w = p\,\frac{dx}{\cos\varphi}\,x\,w,$$

so gibt die Gleichgewichtbedingung der an dem Element wirkenden Kräfte in Richtung der Kolbenachse

oder
$$[N_m x w + d(N_m x)w]\sin\varphi - N_m x w \sin\varphi = p\,dx\,x\,w$$
$$d(N_m x)\,w\,\sin\varphi = p\,dx\,x\,w,$$

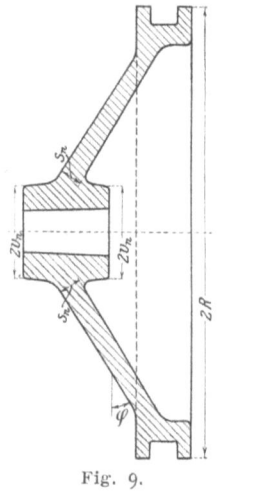

Fig. 9.

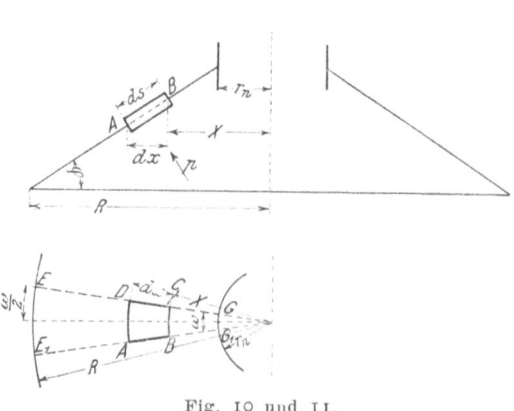

Fig. 10 und 11.

woraus durch Integration zwischen $R$ und $x$

$$N_m = -p\,\frac{R^2 - x^2}{2x\sin\varphi} \quad\ldots\ldots\ldots (12).$$

Mit $x = r_n$ erhält hieraus $N_m$ seinen Größtwert. Die größte Zug- oder Druckspannung (je nachdem die Pressung auf den Trichter von außen oder von innen wirkt) beträgt somit, wenn $s_n$ die Wandstärke des Trichters an der Nabe ist,

$$\sigma = \frac{N_m}{s_n} = p\,\frac{R^2 - r_n^2}{2 s_n r_n \sin\varphi} \quad\ldots\ldots\ldots (13).$$

Die Schubspannungen beim Uebergang an die Nabe, welche gleichmäßig verteilt angenommen werden, betragen

$$\tau_{max} = \left|\frac{N_m \cos\varphi}{\dfrac{s_n}{\cos\varphi}}\right|\,x = r_n$$

oder

$$\tau_{max} = p\,\frac{R^2 - r_n^2}{2 s_n r_n}\,\frac{\cos^2\varphi}{\sin\varphi} \quad\ldots\ldots\ldots (14).$$

### 3) Verfahren von Schwarz.

Das Verfahren Reymanns zur Berechnung der Scheibenkolben von der Form der Fig. 1 wurde von Schwarz[1]) vervollständigt. Dieser berücksichtigt den schon S. 6 hervorgehobenen Umstand, daß der Querschnitt des äußeren Hohlzylinders durch die mit den Tangentialspannungen verknüpften Dehnungen schief gestellt wird und dadurch die äußere Einspannung der Sektoren nicht vollkommen aufrecht erhalten werden kann.

---

[1]) s. Zeitschrift des Vereines deutscher Ingenieure 1901 S. 1419.

Es bezeichne

Θ' das Trägheitsmoment des Querschnitts des äußeren Hohlzylinders in bezug auf die Mittellinie des Scheibenquerschnitts,

e den Abstand der äußersten gezogenen Umfangsfaser des Hohlzylinders von der Mittelfläche der Scheibe, Fig. 12.

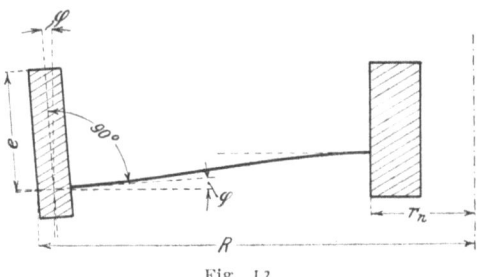

Fig. 12.

Die infolge der Spannung $\sigma_b$ der äußersten Faser des Hohlzylinders entstandene Dehnung

$$\varepsilon = \alpha\,\sigma_b$$

bedingt eine Drehung des Querschnitts um den Winkel, Fig. 12

$$\varphi = \frac{\varepsilon R}{e} = \frac{\alpha\,\sigma_b\,R}{e},$$

oder weil

$$\sigma_b = \frac{e\,M'}{\Theta'} = \frac{e\,M_0}{w\,\Theta'} \text{ (vergl. Gl. (8) S. 6),}$$

$$\varphi = \frac{\alpha\,M_0\,R}{w\,\Theta'}.$$

Das bis jetzt unbekannte Einspannmoment $M_0$ bestimmt Schwarz aus der Bedingung, daß die Gleichung der elastischen Linie der Sektoren (s. Gl. (3a) S. 4) für $\frac{dy}{dx}$ mit $x = R$ den Wert $\varphi$ und mit $x = r_n$ den Wert null ergibt. Er erhält damit für $M_0$ den folgenden Ausdruck

$$M_0 = p\,\frac{\omega}{2}\,\frac{(R-r_n)^3\,(3\,R + r_n)\,\Theta'}{R\,r_n\,h_n^3 + 12\,(R-r_n)\,\Theta'} \quad\ldots\ldots\ldots (15).$$

Mit dem Wert für $M_0$ aus dieser Gleichung gibt Gl. (2) S. 4 mit $x = r_n$ ein größeres Biegungsmoment $M$ als mit dem der vollständigen Einspannung entsprechenden Wert aus Gl. (5) S. 4.

Das Verfahren Reymanns läßt somit, wie ja zu erwarten ist, die Anstrengung des Kolbens kleiner erscheinen, als das folgerichtigere Verfahren von Schwarz[1]. Jedoch haftet beiden Verfahren der große Mangel an, daß sie die in der Kolbenscheibe vorhandenen Tangentialspannungen vernachlässigen, die ebenso wie die Tangentialspannungen des Hohlzylinders die Widerstandfähigkeit des Kolbens bedeutend erhöhen. Infolgedessen geben beide Verfahren viel zu hohe Rechnungswerte für die Anstrengung.

### 4) Verfahren von Pouleur.

In neuerer Zeit haben sich französische Ingenieure eingehend mit der Frage der Berechnung der Dampfkolben befaßt. Eine beachtenswerte Abhandlung von Pouleur erschien im Jahre 1902 in der Revue universelle des mines, de la mé-

---

[1] Vergl. das S. 6 über die Einspannung an der Nabe Gesagte.

— 10 —

tallurgie usw.[1]). In dieser Arbeit wird von der Untersuchung einer ebenen Platte von überall gleicher Dicke $h$, die in ihrer Mitte längs eines Kreises vom Halbmesser $r_n$ eingespannt und durch den Flüssigkeitsdruck $p$ belastet ist, ausgegangen. Zur Gewinnung einer Beziehung zwischen den äußeren und inneren Kräften betrachtet Pouleur ein Körperelement $ABCD$, Fig. 13. Er bestimmt die Deformationsarbeit der inneren Kräfte beim Uebergang in das Element $A'B'C'D'$, Fig. 13 bis 15, und teilt diese Arbeit in zwei Teile ein.

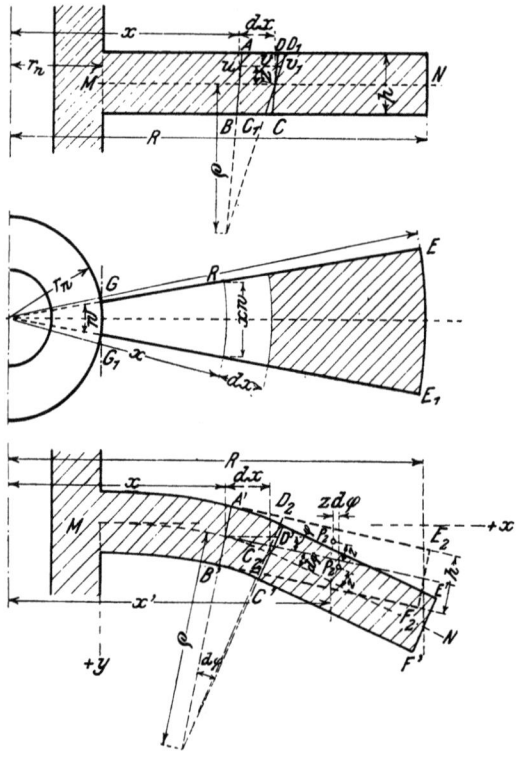

Fig. 13 bis 15.

1) Arbeitsleistung zur Erzeugung der radialen Dehnungen, d. h. beim Uebergang des Elementes $ABCD$ in $ABC_1D_1$, Fig. 13.

Um in der im Abstande $z$ von der Mittelfläche $MN$ befindlichen Faserschicht, deren Länge und Dicke gleich $dx$ und $dz$ ist, die Dehnung $\frac{vv_1}{uv} = \frac{z}{\varrho}$ zu erzeugen, ist eine von null an bis zu dem Wert $xw\,dz\,\frac{z}{\varrho}\frac{1}{\alpha}$ wachsende Kraft und damit die Arbeit erforderlich

$$\tfrac{1}{2}\,xw\,dz\,\frac{z}{\varrho}\frac{1}{\alpha}\frac{z}{\varrho}\,dx\left(1+\frac{1}{m^2}\right) = \frac{m^2+1}{2\alpha m^2}\frac{z^2}{\varrho^2}xw\,dx\,dz$$

und also für sämtliche Fasern des Körperelementes

$$dA_1 = \frac{m^2+1}{2\alpha m^2}\frac{xw\,dx}{\varrho^2}\int_{-\frac{h}{2}}^{+\frac{h}{2}} z^2\,dz = \frac{m^2+1}{24\alpha m^2}\frac{xw}{\varrho^2}h^3.$$

Der Faktor $1+\frac{1}{m^2}=\frac{m^2+1}{m^2}$ berücksichtigt, daß die mit der Dehnung $\frac{z}{\varrho}$

---
[1]) April 1902 S. 35.

in der Richtung des Umfanges verkürzte Zusammenziehung $\frac{1}{m}\frac{z}{\varrho}$ sich hier infolge des seitlichen Zusammenhanges der Fasern nicht ausbilden kann.

2) **Arbeitsleistung zur Erzeugung der in Richtung des Umfanges der Parallelkreise sich einstellenden Dehnungen**, d. h. beim Uebergang der Figur $A'B'C_2D_2$ in die Figur $A'B'C'D'$, Fig. 15.

Hierbei senkt sich der Stabteil $C_2D_2E_2F_2$ nach $C'D'E'F'$. Da bei der gleichzeitig stattfindenden Drehung um den Winkel $d\varphi$ z. B. der durch $P_2$ gehende Parallelkreis seinen Halbmesser um $z\,d\varphi$ vergrößert, also die Dehnung $\frac{z\,d\varphi}{x'}$ erfährt, so ist dieser Faser, deren Breite gleich $dx'$ und deren Höhe gleich $dz$ sei, die folgende Arbeit zuzuführen, wenn man noch bedenkt, daß ihre mittlere Spannung gleich $\frac{z\sin\varphi}{x'}\cdot\frac{1}{\alpha}$ ist:

$$\frac{z\sin\varphi}{x'}\frac{1}{\alpha}dx'\,dz\,\frac{z\,d\varphi}{x'}x'w\left(1+\frac{1}{m^2}\right) = \frac{m^2+1}{\alpha m^2}\frac{dx'}{x'}w\sin\varphi\,d\varphi\,z^2\,dz.$$

Somit beträgt die bei dieser Drehung insgesamt zu leistende Arbeit

$$dA_2 = \frac{m^2+1}{\alpha m^2}w\sin\varphi\,d\varphi\int_x^R\frac{dx'}{x'}\int_{-\frac{h}{2}}^{+\frac{h}{2}}z^2\,dz = \frac{m^2+1}{\alpha m^2}w\sin\varphi\,\ln\left(\frac{R}{x}\right)\frac{h^3}{12}d\varphi.$$

Als Arbeit der äußeren Kräfte bezeichnet Pouleur die bei der Drehung des Stabteils $C_2D_2E_2F_2$ um den Winkel $d\varphi$ durch die von null an bis $p$ gleichmäßig wachsende Pressung zu leistende Arbeit

$$dA = \tfrac{1}{2}pw\,d\varphi\int_x^R x'(x'-x)\,dx' = \tfrac{1}{2}pw\,d\varphi\,\frac{2R^3 - 3R^2x + x^3}{6}.$$

Die Gleichheit der Arbeiten der inneren und äußeren Kräfte

$$dA_1 + dA_2 = dA$$

ergibt nun, weil auch

$$d\varphi = \frac{dx}{\varrho},\quad \frac{1}{\varrho} = \infty\,\frac{d^2y}{dx^2},\quad \sin\varphi = \infty\,\frac{dy}{dx},$$

nach kurzer Umformung die folgende Differentialgleichung der Mittellinie

$$\frac{d^2y}{dx^2} + 2\frac{dy}{dx}\frac{\ln\frac{R}{x}}{x} = 2\frac{m^2}{m^2+1}\alpha\,\frac{p}{h^3}\,\frac{2R^3 - 3R^2x + x^3}{x} \quad\ldots\quad (16).$$

An der Einspannstelle, wo $\frac{dy}{dx} = 0$, erhält der dem biegenden Moment proportionale Ausdruck $\frac{d^2y}{dx^2}$ seinen größten Wert

$$\left|\frac{d^2y}{dx^2}\right|_{\max} = \frac{2\sigma_b\alpha}{h} = 2\frac{m^2}{m^2+1}\alpha\,\frac{p}{h^3}\,\frac{2R^3 - 3R^2r_n + r_n^3}{r_n},$$

woraus als Wert für die größte Anstrengung:

$$\sigma_b = \frac{m^2}{m^2+1}\frac{p}{h^2}\frac{2R^3 - 3R^2r_n + r_n^3}{r_n} \quad\ldots\ldots\quad (17).$$

Wenn man nun die gleichen Untersuchungen für einen Kolben von der in Fig. 1 angegebenen Form durchführt, so erkennt man, daß das Vorhandensein des äußeren Hohlzylinders in Gl. (16) nur einen anderen Ausdruck für den

Koeffizienten von $\frac{dy}{dx}$ bedingt und im übrigen sich nichts an der Gleichung ändert. Da dieses Glied aber null wird, wenn $\frac{d^2y}{dx^2}$ seinen Größtwert erreicht, so würde, falls das von Pouleur gewählte Verfahren auf richtigen Voraussetzungen beruhen würde, das Auftreten der Tangentialspannungen im äußeren Hohlzylinder und in der Scheibe die Anstrengung des Kolbens nicht beeinflussen. Dieses Ergebnis steht aber mit der Erfahrung und mit eingehenderen, wissenschaftlichen Untersuchungen im Widerspruch. Der von Pouleur benutzte Satz von der Gleichheit der Elementararbeiten ist für Kolben eben nicht anwendbar, weil man die zur Deformation eines Körperelementes nötige Arbeit der äußeren Kräfte nicht kennt, sondern auf Grund von Voraussetzungen wählen muß.

Aus demselben Grunde sind auch die von Pouleur für kegelige Kolben entwickelten Gleichungen zu verwerfen.

### 5) Verfahren von Godron.

Seit dem Jahre 1903 veröffentlicht Godron in der Revue méchanique[1]) eine Reihe wertvoller Aufsätze über die Widerstandfähigkeit der Kolben, in denen er an Hand von Versuchen die Zuverlässigkeit der vorhandenen und einiger von ihm selbst abgeleiteter Gleichungen untersucht. Dabei konnte auch nicht annähernde Uebereinstimmung mit einer dieser Gleichungen festgestellt werden. Die größten Abweichungen ergab die Gleichung von Pouleur (Gl. (17)), die, wie ja zu erwarten war, stets zu hohe Werte, und zwar im allgemeinen das drei- bis achtfache der tatsächlichen Biegungsfestigkeit des Materials ergab. Es darf jedoch hier nicht unerwähnt bleiben, daß bei der von Godron gewählten Versuchsanordnung der Kolben nicht durch gleichmäßig verteilte Flüssigkeitspressung belastet wurde. Die Prüfung geschah teilweise, indem der Kolben am Rand aufgelegt und in der Mitte belastet wurde und zum anderen Teil, indem der Kolben durch Druck auf die Nabe in einen Zylinder gepreßt wurde, der mit durch Schmierseife getränktem Sand angefüllt war. Auch die letztere Anordnung sichert keineswegs gleichmäßige Druckverteilung über die ganze Kolbenfläche.

Daß die Tangentialspannungen die Widerstandsfähigkeit des Kolbens bedeutend erhöhen, zeigte er sehr anschaulich, indem er Versuche anstellte mit unversehrten Kolben und solchen, bei denen Schlitze in radialer Richtung bis an die Nabe eingesägt und auf diese Weise die Kolbenscheibe in Sektoren zerlegt wurde. Die Tangentialspannungen konnten bei letzteren einen nennenswerten Betrag nicht mehr erreichen, und die eingesägten Kolben ergaben auch etwa nur die halbe Bruchlast der unversehrten. Auf Grund dieser Versuche hält es Godron für zulässig, die Tangentialspannungen, die ja als Biegungsspannungen auftreten, über den ganzen Durchmesser des Kolbens unveränderlich und gleich den an der Nabe vorhandenen, in radialer Richtung wirkenden Biegungsspannungen zu setzen.

Er nimmt damit an, daß an einem aus dem Kolben herausgeschnittenen Sektor $EE_1G_1G$, Fig. 14 S. 10, die den inneren Kräften entsprechenden biegenden Momente, welche an den Seitenflächen $GE$ und $G_1E_1$ sowie an der Einspannfläche $GG_1$ wirken, als über die ganze Schnittfläche gleichmäßig verteilt und überall gleich groß angesehen werden können.

[1]) Siehe Jahrgang 1903 Bd. XII S. 438 und 529; Bd. XIII S. 331 und 441; Jahrgang 1904 Bd. XIV S. 317; Bd. XV S. 238 und 439; Jahrgang 1905 Bd. XVI S. 517.

Wenn der Zentriwinkel $w$ sehr klein ist, so beträgt das Moment des Dampfdruckes in bezug auf die Gerade $GG_1$:

$$\int_{r_n}^{R} p x\, w\, dx\, (x - r_n) = \frac{wp}{6}(2R^3 - 3R^2 r_n + r_n^3).$$

Die Momentengleichung der an dem Sektor wirkenden Kräfte in bezug auf die Gerade $GG_1$ ergibt also, wenn das an den Schnittflächen wirkende Biegungsmoment für jedes cm Länge der Schnittlinie gleich $M_b$ ist,

$$M_b r_n w + 2(R - r_n) M_b \sin \frac{w}{2} = \frac{wp}{6}(2R^3 - 3R^2 r_n + r_n^3),$$

woraus

$$M_b = \frac{wp}{6} \cdot \frac{2R^3 - 3R^2 r_n + r_n^3}{r_n w + 2(R - r_n)\sin\frac{w}{2}};$$

damit ergibt sich als größte Biegungsspannung

$$\sigma_b = \frac{\frac{h}{2} M_b}{\frac{1}{12} \cdot 1 \cdot h^3}$$

oder

$$\sigma_b = \frac{wp\,(2R^3 - 3R^2 r_n + r_n^3)}{h^2 \left[r_n w + 2(R - r_n)\sin\frac{w}{2}\right]}.$$

Daß diese Gleichung einen kleinen Zentriwinkel $w$ voraussetzt, weil zu ihrer Entwicklung die Verwechslung der Figur $GG_1 E_1 E$, Fig. 14, mit einem Trapez und des Bogens $GG_1$ mit einer Geraden nötig ist, wird von Godron nicht weiter beachtet, denn er setzt nun für $w$ den Wert $\pi$ ($= 180°$) und erhält so die den gemachten Voraussetzungen nicht mehr entsprechende Gleichung

$$\sigma_b = \frac{\pi p\,(2R^3 - 3R^2 r_n + r_n^3)}{h^2 [r_n \pi + 2(R - r_n)]} \quad \ldots \ldots \ldots (18)$$

statt der folgenden, die mit $w = 2\sin\frac{w}{2}$ sich ergibt:

$$\sigma_b = \frac{p}{R h^2}(2R^3 - 3R^2 r_n + r_n^3) \ldots \ldots (18\text{a}).$$

Auf dieselbe Weise wurde eine weitere Gleichung für Kolben von der Form Fig. 17 abgeleitet, die aus diesem Grunde nicht angeführt wird.

Da das S. 1 erwähnte Annäherungsverfahren vielfach zu hohe Anstrengungen ergibt, so hält Godron es für zweckmäßig, bei dessen Benutzung statt des diametralen Querschnitts $AB$, s. Fig. 16, den Querschnitt $CD$, dessen Ebene die Nabe berührt, als gefährlichen Querschnitt zu betrachten. Es ergibt sich dann als größte Biegungsanstrengung z. B. für Scheibenkolben, Fig. 17,

$$\sigma_b = \frac{3pR^3\left(\frac{2}{3}\sin^2\frac{w}{2} - \frac{w^0}{2} \cdot \frac{\pi}{180}\cos\frac{w}{2} + \sin\frac{w}{2}\cos^2\frac{w}{2}\right)}{\frac{h^3}{h^1}(R - b_1)\sin\frac{w}{2} + b_1 h_1^2} \quad \ldots (19).$$

Hierin ist $w$ die Hälfte des Winkels $COD$, Fig. 16. Für diejenigen Scheibenkolben, Fig. 17, bei denen der äußere Hohlzylinder sehr stark bemessen ist, so daß die Scheibe außen und in der Mitte vom Zustand der vollkommenen Einspannung nicht weit entfernt ist, führt Godron eine von Grashof herrührende Gleichung an

— 14 —

$$\sigma_b = {}^2/_3\, p\, \frac{(R - b_1)^2}{b_1^2}\, k \quad \ldots \ldots \ldots \quad (20),$$

worin je nachdem

$$\frac{r_n}{R - b_1} = 0{,}1 \quad 0{,}2 \quad 0{,}3 \quad 0{,}4 \quad 0{,}5$$

zu setzen ist

$$k = 1{,}15 \quad 0{,}69 \quad 0{,}46 \quad 0{,}30 \quad 0{,}20.$$

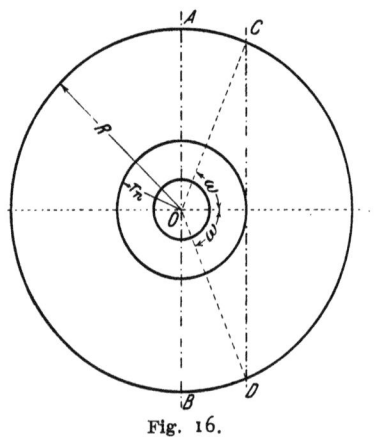

Fig. 16.

Gl. (20) scheint für hohle Kolben aus Schmiedeisen, die durch Zusammenschweißen der beiden Kolbenscheiben längs der Nabe und des äußeren Hohlzylinders hergestellt sind, einige Uebereinstimmung zu geben, wenn nur die eine der beiden Kolbenscheiben in Rechnung gezogen wird.

Auf die Versuche, welche Godron mit zwei Stahlkolben, Fig. 17, und einem Hohlkolben aus Gußeisen, Fig. 7, angestellt hat, soll an anderer Stelle (vergl. S. 34) noch näher eingegangen werden.

Die Anstrengung der Trichterkolben sucht Godron auf andere Weise zu ermitteln als Reymann (vergl. S. 7), weil letzterer bei Aufstellung seiner Gl. (13) und (14) die gleichzeitig mit den reinen Zug- und Druckanstrengungen auftretenden Biegungsspannungen vernachlässigt hat. Dieser Mangel tritt besonders deutlich hervor, wenn man durch Einsetzen von $\varphi = 0^0$ in Gl. (13) die für ebene Platten geltenden Beziehungen abzuleiten sucht, denn es ergibt sich für diesen Fall $\sigma = \infty$. Um nun eine Gleichung zu erhalten, die diese Abweichungen nicht zeigt, macht Godron die folgende Annahme, die der beim ebenen Kolben getroffenen vollkommen entspricht.

An den Seitenflächen $GE$ und $G_1 E_1$ (vergl. Fig. 11) eines den Zentriwinkel $w$ einschließenden Sektors $GEE_1 G_1$ wirken nur gleichmäßig verteilte Normalspannungen, an der Schnittfläche $GG_1$ der Nabe dagegen nur Biegungsspannungen, und zwar sei die Biegungsspannung an der äußersten Faser gleich den Normalspannungen an den Seitenflächen. Diese Voraussetzungen führen auf ähnliche Weise, wie auf S. 13 (Gl. (18)) für den ebenen Kolben entwickelt wurde, zu der Gleichung

$$\sigma = \frac{w\, p\, (2\, R^3 - 3\, R^2\, r_n + r_n^3)}{w\, r_n\, s_n^2 \cos^2 \varphi + 6\, s_n\, (R - r_n)^2 \sin \frac{w}{2} \sin \varphi},$$

wo $s_n$ die Wandstärke des Trichters beim Uebergang an die Nabe bedeutet.

Auch hier ist ein kleiner Winkel $w$ vorausgesetzt, was Godron wieder nicht zu beachten scheint, da er für $w$ den Wert $\pi$ einsetzt und damit erhält

$$\sigma = \frac{\pi\, p\, (2\, R^3 - 3\, R^2\, r_n + r_n^3)}{\pi\, r_n\, s_n^2 \cos^2 \varphi + 6\, s_n\, (R - r_n)^2 \sin \varphi} \quad \ldots \ldots \quad (21).$$

— 15 —

Aus Gl. (21) ergibt sich mit $\varphi = 0$ die von Pouleur für Scheibenkolben aufgestellte Gl. (17) ohne den Faktor $\frac{m^2}{m^2+1}$, und mit $\varphi = 90^0$, $r_n = R$, $s_n = h$ erhält man die für zylindrische Gefäße geltende Beziehung

$$\sigma = \frac{pR}{h}.$$

Die Versuche, die Godron mit Trichterkolben angestellt hat, lieferten indessen Ergebnisse, welche der Reymannschen Gl. (13) näher kamen als der Gl. (21), falls $\varphi > 15^0$.

### 6) Verfahren von Enßlin.

In Dinglers polytechnischem Journal[1]) behandelt Enßlin die Frage der Beanspruchung und Formänderung kreisrunder ganzer oder gelochter Platten bei verschiedenen Belastungsverhältnissen, ausgehend von den von Grashof aufgestellten Beziehungen. Die Ergebnisse der Untersuchung verwendet er am Schluß der Arbeit zur Berechnung der Anstrengung eines Stahlkolbens (Fig. 17, Niederdruckkolben einer Lokomotive). Er ist der Ansicht, daß bei der Stärke des Hohlzylinders, in dem die Kolbenringe liegen, und der Nabe vollständige Einspannung des Kolbenbodens am Anschluß an den Hohlzylinder und an die

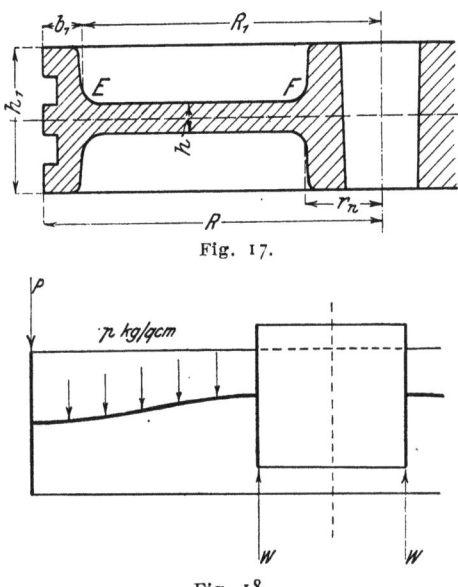

Fig. 17.

Fig. 18.

Nabe angenommen werden kann. Die Anstrengung des Kolbenbodens erhält er damit als die einer gelochten, am inneren und äußeren Rand eingespannten Platte, die längs des inneren Randes unterstützt und in folgender Weise belastet ist, Fig. 18:

1) durch den gleichmäßig über die Kolbenscheibe verteilten Dampfdruck $p$ kg/qcm,

2) durch den auf den äußeren Hohlzylinder wirkenden Dampfdruck, der eine am äußeren Rand der Scheibe gleichmäßig verteilte Belastung $P$ erzeugt.

---

[1]) 1904 S. 609, 629, 649, 666 und 677 u. f.

Bezeichnet (s. Fig. 17)

$R$ den äußeren Halbmesser des Kolbens,
$R_1$ den inneren Halbmesser des Hohlzylinders,
$r_n$ den Halbmesser der Nabe,
$h$ die Dicke der Scheibe,

so beträgt die konzentriert wirkende Kraft $P$

$$P = \pi (R^2 - R_1^2) p.$$

Die Spannungen in der Scheibe ergeben sich als die Summe der Spannungen, die die gleichmäßig verteilte Pressung $p$ und die konzentriert wirkende Kraft $P$ in beiderseits eingespannten und in der Mitte gestützten Platten erzeugen.

1) **Anstrengung, herrührend von dem gleichmäßig verteilten Druck $p$ kg/qcm.**

Aus den Gleichungen Grashofs ergibt sich als Ausdruck für die Schubkraft in der zylindrischen Schnittfläche vom Halbmesser $x$

$$S = 2\pi x \frac{m^2}{m^2 - 1} \frac{1}{\alpha} \frac{h^3}{12} \left( \frac{d^3 z}{dx^3} + \frac{1}{x} \frac{d^2 z}{dx^2} - \frac{1}{x^2} \frac{dz}{dx} \right) \quad \ldots \quad (22).$$

Hierin bedeutet

$z$ die längs des Kreises vom Halbmesser $x$ vorhandene Durchbiegung,
$m$ das Verhältnis von Längsdehnung zu Querzusammenziehung.

Bei gleichmäßig verteilter Belastung ist die Schubkraft $S$ gleich dem auf eine Kreisringfläche von dem äußeren Halbmesser $R_1$ und dem inneren Halbmesser $x$ wirkenden Druck, also

$$S = \pi (R_1^2 - x^2) p.$$

Setzt man diesen Wert in Gl. (22) ein, so erhält man durch Integration den folgenden Ausdruck als Durchbiegung der Platte in der Entfernung $x$ von der Plattenmitte

$$z = -\frac{a}{32} x^4 + a \frac{R_1^2}{8} x^2 (\ln x^2 - 2) + \frac{k_1}{4} x^2 + \frac{k_2}{2} \ln x^2 + k_3 \quad . \quad (23).$$

Hierin ist gesetzt

$$a = 6 \frac{m^2 - 1}{m^2} \frac{p}{h^3} \alpha;$$

$k_1$, $k_2$, $k_3$ sind Integrationskonstanten.

Mit Gl. (23) liefert Gl. (4) in C. Bach, Elastizität und Festigkeit 4. Aufl. S. 553[1]) als Radialspannung in der äußersten Faser

$$\sigma_x' = -\frac{m}{m-1} \frac{h}{2\alpha} \left[ -\frac{3m+1}{m+1} \frac{a x^2}{8} + \frac{a R_1^2}{4} \left( \ln x^2 + \frac{m-1}{m+1} \right) + \frac{k_1}{2} - \frac{m-1}{m+1} \frac{k_2}{x^2} \right] (24)$$

und als Tangentialspannung in der äußersten Faser

$$\sigma_y' = -\frac{m}{m-1} \frac{h}{2\alpha} \left[ -\frac{m+3}{m+1} \frac{a}{8} x^2 + \frac{a R_1^2}{4} \left( \ln x^2 - \frac{m-1}{m+1} \right) + \frac{k_1}{2} + \frac{m-1}{m+1} \frac{k_2}{x^2} \right] (25).$$

Die Konstanten $k_1$ und $k_2$ bestimmen sich aus den beiden Bedingungen, daß infolge der beiderseitigen Einspannung $\frac{dz}{dx}$ für $x = R_1$ und $x = r_n$ zu null wird.

Man erhält

---

[1]) Dieselben Gleichungen finden sich auch in der zweiten Aufl. S. 384 Gl. (257), dritten Aufl. S. 516 Gl. (4), fünften Aufl. S. 572 Gl. (4).

$$k_1 = \frac{a}{4}(3R_1{}^2 + r_n{}^2) - \frac{a}{4} 2 R_1{}^2 \frac{R_1{}^2 \ln R_1{}^2 - r_n{}^2 \ln r_n{}^2}{R_1{}^2 - r_n{}^2}$$
$$k_2 = -\frac{a}{8} R_1{}^2 r_n{}^2 + \frac{a}{8} 2 R_1{}^2 \frac{R_1{}^2 r_n{}^2}{R_1{}^2 - r_n{}^2} \ln \frac{R_1{}^2}{r_n{}^2} \quad \Bigg\} \quad \ldots \quad (26)$$

und damit aus Gl. (24) und (25) die Anstrengung der Scheibe in einer beliebigen Entfernung $x$ von der Mitte.

2) **Anstrengung, herrührend von der konzentriert wirkenden Kraft $P$.**

Da hier für jeden zylindrischen Querschnitt die Schubkraft gleich ist

$$S = P = \pi (R^2 - R_1{}^2) p,$$

so ergibt Gl. (22) durch Integration als Durchbiegung im Abstand $x$ von der Plattenmitte

$$z = \frac{b}{8} x^2 (\ln x^2 - 2) + \frac{c_1}{4} x^2 + \frac{c_2}{2} \ln x^2 + c_3,$$

worin gesetzt ist

$$b = 6 \frac{m^2 - 1}{\pi m^2} \frac{P}{h^3} \alpha.$$

$c_1$, $c_2$ und $c_3$ sind Integrationskonstanten. Damit geben die Gl. (4) a. a. O. als Radialspannung

$$\sigma_x'' = -\frac{m}{m-1} \frac{h}{2\alpha} \left[ \frac{b}{4} \left( \ln x^2 + \frac{m-1}{m+1} \right) + \frac{c_1}{2} - \frac{m-1}{m+1} \frac{c_2}{x^2} \right] \quad . . \quad (27)$$

und als Tangentialspannung

$$\sigma_y'' = -\frac{m}{m-1} \frac{h}{2\alpha} \left[ \frac{b}{4} \left( \ln x^2 - \frac{m-1}{m+1} \right) + \frac{c_1}{2} + \frac{m-1}{m+1} \frac{c_2}{x^2} \right] \quad . . \quad (28).$$

Die Konstanten $c_1$ und $c_2$ sind bestimmt durch die Bedingung, daß für $x = R_1$ und $x = r_n$ $\frac{dz}{dx}$ zu null wird.

Es ergibt sich nach einiger Umformung

$$c_1 = -\frac{b}{2} \left[ \frac{R_1{}^2 \ln R_1{}^2 - r_n{}^2 \ln r_n{}^2}{R_1{}^2 - r_n{}^2} - 1 \right]$$
$$c_2 = \frac{b}{4} \frac{R_1{}^2 r_n{}^2}{R_1{}^2 - r_n{}^2} \ln \frac{R_1{}^2}{r_n{}^2} \quad \Bigg\} \quad \ldots \quad (29),$$

womit die Anstrengung der Scheibe aus Gl. (27) und (28) berechnet werden kann.

Die gesamte Anstrengung der Scheibe beträgt somit

in radialer Richtung

$$\sigma_x = \sigma_x' + \sigma_x'' \quad \ldots \ldots \ldots \quad (30),$$

in tangentialer Richtung

$$\sigma_y = \sigma_y' + \sigma_y'' \quad \ldots \ldots \ldots \quad (31).$$

Für die radialen Spannungen $\sigma_x$ ergeben sich bedeutend größere Werte als für die tangentialen Spannungen $\sigma_y$. Letztere brauchen also bei Bestimmung der Anstrengung nicht berechnet zu werden. Der größte Wert von $\sigma_x$ tritt an der Nabe auf und ergibt sich also mit $x = r_n$.

Geschlossene Ausdrücke, welche die Beanspruchung unmittelbar in Abhängigkeit von den Abmessungen des Kolbens und von der Pressung $p$ ergeben, hat Enßlin nicht entwickelt. Der allgemeinen Benutzung seines Verfahrens steht somit das Hindernis sehr umfangreicher und schwieriger Zahlenrechnungen entgegen. Im übrigen verdient hervorgehoben zu werden, daß er der als erster die Aufgabe in wissenschaftlich einwandfreier Weise in Angriff nahm.

Die vorliegende Zusammenstellung der bisher üblichen Arten der Berechnung der Kolben führt zu der klaren Erkenntnis, daß ein den Bedürfnissen des Ingenieurs genügendes Verfahren bis jetzt nicht vorhanden war. Die angegebenen Verfahren sind teils auf zu unsicherer Grundlage entwickelt, teils erfordern sie zu umständliche Zahlenrechnungen, um allgemein verwendet werden zu können. Dieser Zustand war eben für Bach die Veranlassung, seine Versuche durchzuführen.

Im Folgenden wird ein vom Verfasser für Stahlkolben, Fig. 17, und für Hohlkolben aus Gußeisen abgeleitetes Verfahren wiedergegeben, welches Einfachheit mit möglichster Genauigkeit der Ableitung zu verbinden sucht.

### Verfahren des Verfassers.

**a) Stahlkolben, Fig.** 17. Für die Beanspruchung des Kolbens, der durch den Flüssigkeitsdruck $p$ kg/qcm belastet ist, ist maßgebend die Anstrengung der Kolbenscheibe $EF$. An dieser wirken die folgenden äußeren Kräfte:

1) der auf ihr lastende gleichmäßig verteilte Druck $p$ kg/qcm,

2) der auf den äußeren Hohlzylinder vom Querschnitt $\pi(R^2 - R_1^2)$ entfallende Flüssigkeitsdruck

$$P = p(R^2 - R_1^2)\pi,$$

welcher am Rande $E$ der Scheibe angreifend zu denken ist.

Außerdem entspricht die Verbindung der Scheibe mit der Nabe und dem äußeren Hohlzylinder dem Zustande der Einspannung.

Die gesamte Formänderung der Kolbenscheibe kann nun, wie beim Verfahren von Ensslin, betrachtet werden als die Summe der von den beiden unter 1) und 2) bezeichneten Belastungen herrührenden Einzelformänderungen. Wir werden deshalb die letzteren jede für sich bestimmen und dann zueinander addieren.

1) **Anstrengung, herrührend von dem gleichmäßig verteilten Druck $p$.** Wir betrachten das Element $ABCD$, Fig. 19, welches aus der Kolbenscheibe des Kolbens, Fig. 17, durch zwei benachbarte radiale und zwei benachbarte zylindrische Schnittflächen erhalten wurde. Im unbelasteten Zustande des Kolbens sind die oberen und unteren Begrenzungsflächen des Elementes eben und senkrecht zur Kolbenachse, Fig. 20. Tritt nun eine Pressung hinter den Kolben, so wölbt sich die Kolbenfläche, das betrachtete Element verkrümmt sich und dreht sich zugleich, Fig. 21. Der Drehungswinkel längs der Kante $AB$ sei $\varphi$ und längs der Kante $CD$ $\varphi + d\varphi$. Die dabei in den Schnittflächen des Elements entstehenden Spannungen können nur hervorgerufen sein durch

1) Normalkräfte,
2) Schubkräfte,
3) biegende Momente.

Eine weitere Möglichkeit ist nicht vorhanden. Mit bezug auf Fig. 17 bezeichnet

$R$ den Halbmesser des Kolbens,
$R_1$ den Halbmesser der Kolbenscheibe,
$r_n$ den Halbmesser der Nabe,
$h$ die Dicke der Kolbenscheibe,
$dw$, Fig. 19, den Zentriwinkel zwischen den radialen Schnittflächen $AD$ und $BC$,

— 19 —

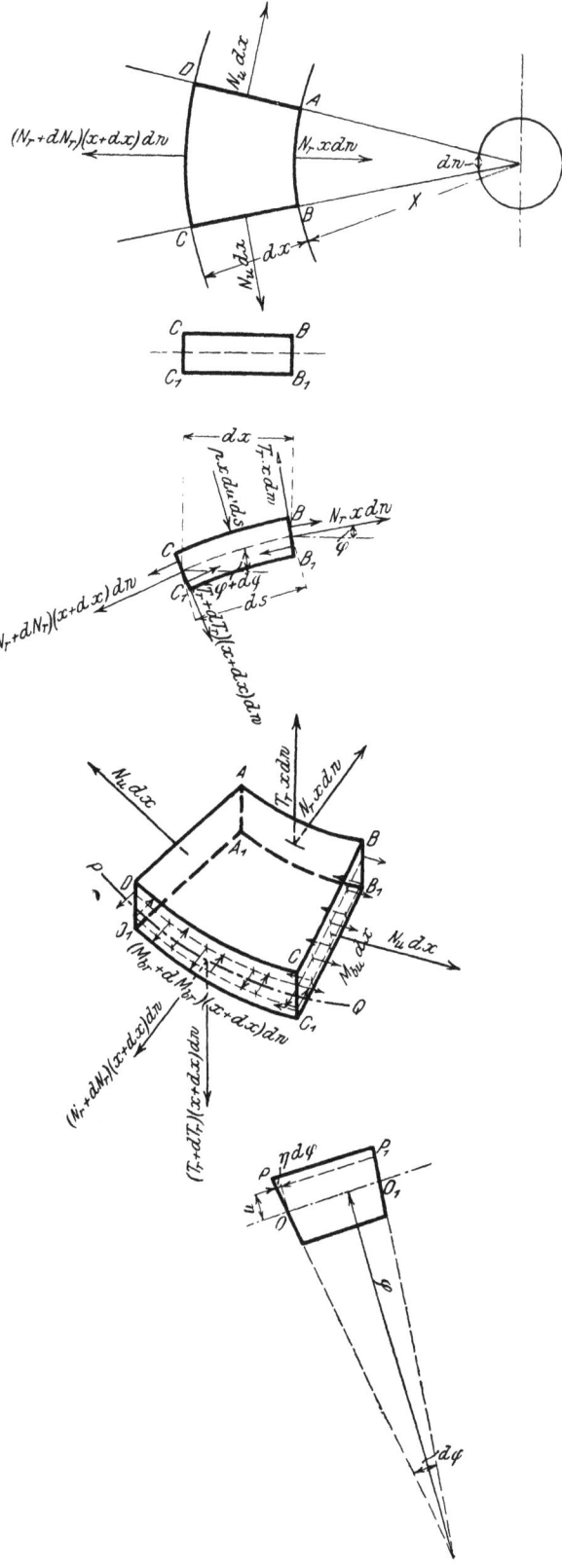

$x$ den Halbmesser des Bogens $AB$,

$x + dx$ den Halbmesser des Bogens $CD$,

$\sigma_r$ die Normalspannung in der zylindrischen Schnittfläche $AB$ im Abstand $\eta$ von der Mittelfläche,

$\sigma_u$ die Normalspannungen in den radialen Schnittflächen $AD$ und $BC$ im Abstand $\eta$ von der Mittelfläche;

$z$ die Durchbiegung der Mittelfläche in der Entfernung $x$ von der Achse;

ferner sei für jedes cm Länge der Schnittlinien in bezug auf die Schnittfläche $ABA_1B_1$ (Fig. 22)

$N_r$ die Normalkraft,
$T_r$ die Schubkraft,
$M_{br}$ das biegende Moment,
$\Theta = \dfrac{h^3}{12}$ das Trägheitsmoment;

in bezug auf die Schnittfläche $CDC_1D_1$

$N_r + dN_r$ die Normalkraft,
$T_r + dT_r$ die Schubkraft,
$M_{br} + dM_{br}$ das biegende Moment;

in bezug auf die radialen Schnittflächen $ADA_1D_1$ und $BCB_1C_1$

$N_u$ die Normalkraft,
$M_{bu}$ das biegende Moment.

Die Gleichgewichtbedingung der an dem Elemente wirkenden Kräfte in Richtung der Kolbenachse ergibt nun

Fig. 19 bis 23.

2*

$$N_r x\, dw \sin\varphi - (N_r + dN_r)(x+dx)\,dw \sin(\varphi + d\varphi) + T_r x\, dw \cos\varphi$$
$$- (T_r + dT_r)(x+dx)\,dw \cos(\varphi + d\varphi) - p x\, dw\, ds \cos\varphi = 0 \quad (1).$$

Da nun, wenn die unendlich kleinen Größen zweiter gegen diejenigen erster Ordnung vernachlässigt werden:

$$(N_r + dN_r)(x+dx)\sin(\varphi + d\varphi) = (N_r + dN_r)(x+dx)(\sin\varphi + \cos\varphi\, d\varphi)$$
$$= N_r x \sin\varphi + dN_r x \sin\varphi + N_r \sin\varphi\, dx + N_r x \cos\varphi\, d\varphi$$
$$= N_r x \sin\varphi + d(N_r x \sin\varphi),$$

ebenso

$$(T_r + dT_r)(x+dx)\cos(\varphi + d\varphi) = T_r x \cos\varphi - d(T_r x \cos\varphi),$$

und da ferner

$$ds \cos\varphi = dx \quad \ldots \ldots \ldots \ldots \quad (2),$$

so erhält man aus Gl. (1), wenn noch mit $dw$ durchdividiert wird,

$$- d(N_r x \sin\varphi) + d(T_r x \cos\varphi) - p x = 0$$

oder integriert:

$$- N_r x \sin\varphi + T_r x \cos\varphi - p \frac{x^2}{2} = C.$$

Die Konstante $C$ bestimmt sich aus der Bedingung, daß am Rande der Scheibe, d. h. mit $x = R_1$, $N_r$ und $T_r$ null werden, zu

$$C = - p \frac{R_1^2}{2};$$

damit erhält man

$$N_r x \sin\varphi - T_r x \cos\varphi = p \frac{R_1^2 - x^2}{2} \quad \ldots \ldots \quad (3).$$

Die zweite Gleichgewichtbedingung, nämlich Summe der Momente gleich null, ergibt in bezug auf die (als geradlinig zu denkende) Linie $PQ$, Fig. 22,

$$M_{br} x\, dw - (M_{br} + dM_{br})(x+dx)\, dw + M_{bu}\, ds\, dw - T_r x\, dw\, ds + N_r x\, dw\, ds\, d\varphi$$
$$+ N_n\, ds\, dw\, \frac{ds}{2}\, d\varphi + p x\, dw\, dx\, \frac{ds}{2} = 0,$$

woraus, wenn wieder mit $dw$ durchdividiert und die unendlich kleinen Größen zweiter gegen solche erster Ordnung vernachlässigt werden,

$$- d(M_{br} x) + M_{bu}\, ds - T_r x\, ds = 0,$$

woraus gemäß Gl. (2)

$$T_r x = M_{bu} - \frac{d(M_{br} x)}{dx} \cos\varphi \quad \ldots \ldots \ldots \quad (4).$$

Die Gl. (3) und (4) gelten für jeden beliebig geformten offenen Umdrehungskörper, also z. B. auch für den Trichterkolben, Fig. 9. Die weitere Verfolgung dieses allgemeineren Falles ist jedoch mit den heute zu Gebote stehenden mathematischen Hülfsmitteln nicht möglich. Infolgedessen werden hier nur die für den ebenen Kolben gültigen Gleichungen weiter entwickelt.

Für diesen erlangt der Winkel $\varphi$ nur sehr geringe Werte. Somit kann in Gl. (3) das sehr kleine Glied $N_r x \sin\varphi$ gegen die übrigen Glieder vernachlässigt und außerdem $\cos\varphi = 1$ gesetzt werden.

Damit erhält man für Gl. (3)

$$T_r = - p \frac{R_1^2 - x^2}{2x} \quad \ldots \ldots \ldots \ldots \quad (3\,\mathrm{a}),$$

welche Gleichung auch auf elementare Weise abgeleitet werden kann, und für Gl. (4)

$$T_r = \frac{1}{x}\left(M_{bu} - \frac{d(M_{br}x)}{dx}\right) \quad \ldots \ldots \ldots (4\mathrm{a}).$$

Da angenommen werden kann, daß die Mittelfläche keine Dehnungen erfährt, so betragen die Dehnungen im Abstand $\eta$ von der Mittelfläche in radialer Richtung, Fig. 23:

$$\varepsilon_u = \frac{PP_1 - OO_1}{OO_1} = \frac{\eta}{\varrho};$$

in tangentialer Richtung entsprechend der Verlängerung $\eta \sin \varphi$ des zugehörigen Halbmessers $x$

$$\varepsilon_n = \frac{\eta \sin \varphi}{x}.$$

Da nun anderseits

$$\left.\begin{aligned}\varepsilon_r &= \alpha\left(\sigma_r - \frac{\sigma_u}{m}\right) \\ \varepsilon_u &= \alpha\left(\sigma_n - \frac{\sigma_r}{m}\right)\end{aligned}\right\} \quad \ldots \ldots \ldots (5)$$

und gesetzt werden kann

$$\frac{1}{\varrho} = \frac{d^2 z}{dx^2}, \quad \sin \varphi = \operatorname{tg} \varphi = \frac{dz}{dx},$$

so wird

$$\left.\begin{aligned}\eta \frac{d^2 z}{dx^2} &= \alpha\left(\sigma_r - \frac{\sigma_u}{m}\right) \\ \frac{\eta}{x}\frac{dz}{dx} &= \alpha\left(\sigma_u - \frac{\sigma_r}{m}\right)\end{aligned}\right\} \quad \ldots \ldots \ldots (6),$$

woraus nun

$$\left.\begin{aligned}\sigma_u &= \frac{m^2}{m^2-1}\frac{\eta}{x\alpha}\frac{dz}{dx} + \frac{m}{m^2-1}\frac{\eta}{\alpha}\frac{d^2 z}{dx^2} \\ \sigma_r &= \frac{m}{m^2-1}\frac{\eta}{x\alpha}\frac{dz}{dx} + \frac{m^2}{m^2-1}\frac{\eta}{\alpha}\frac{d^2 z}{dx^2}\end{aligned}\right\} \quad \ldots \ldots (7).$$

Es wird nun

$$M_{bu} = \int_{-\frac{h}{2}}^{+\frac{h}{2}} \eta\,\sigma_u\,df = \frac{m^2}{m^2-1}\frac{dz}{dx}\frac{\int_{-\frac{h}{2}}^{+\frac{h}{2}}\eta^2\,df}{x\alpha} + \frac{m}{m^2-1}\frac{\int_{-\frac{h}{2}}^{+\frac{h}{2}}\eta^2\,df}{\alpha}\frac{d^2 z}{dz^2}$$

$$M_{br} = \int_{-\frac{h}{2}}^{+\frac{h}{2}} \eta\,\sigma_r\,df = \frac{m}{m^2-1}\frac{dz}{dx}\frac{\int_{-\frac{h}{2}}^{+\frac{h}{2}}\eta^2\,df}{x\alpha} + \frac{m^2}{m^2-1}\frac{\int_{-\frac{h}{2}}^{+\frac{h}{2}}\eta^2\,df}{\alpha}\frac{d^2 z}{dx^2}.$$

Setzt man diese beiden Werte in Gl. (4a) ein, so erhält man nach kurzer Umformung, wenn zugleich $\Theta$ für $\int_{-\frac{h}{2}}^{+\frac{h}{2}}\eta^2\,df$ gesetzt wird,

$$T_r = \frac{-m^2}{m^2-1} \frac{\Theta}{\alpha} \left( \frac{d^3z}{dx^3} + \frac{1}{x} \frac{d^2z}{dx^2} - \frac{1}{x^2} \frac{dz}{dx} \right) \quad \ldots \quad (8).$$

Die beiden Ausdrücke für die Schubkraft in Gl. (3a) und (8) ergeben nun die folgende Differentialgleichung der deformierten Mittelfläche

$$\frac{d^3z}{dx^3} + \frac{1}{x} \frac{d^2z}{dx^2} - \frac{1}{x^2} \frac{dz}{dx} = \frac{m^2-1}{m^2} \frac{\alpha}{\Theta} \frac{p}{2} \left( \frac{R_1^2}{x} - x \right) \quad \ldots \quad (9),$$

woraus durch einmalige Integration

$$\frac{d^2z}{dx^2} + \frac{1}{x} \frac{dz}{dx} = \frac{m^2-1}{m^2} \frac{\alpha}{\Theta} \frac{p}{2} \left( R_1^2 \ln x - \frac{x^2}{2} \right) + C_1 \quad \ldots \quad (10).$$

$C_1$ bedeutet hierin die Integrationskonstante.

Nach Multiplikation von Gl. (10) mit $x$ und darauf folgender weiterer Integration erhält man

$$x \frac{dz}{dx} = \frac{m^2-1}{m^2} \frac{\alpha}{\Theta} \frac{p}{2} \left( R_1^2 \frac{x^2}{2} \ln x - \frac{R_1^2 x^2}{4} - \frac{x^4}{8} \right) + C_1 \frac{x^2}{2} + C_2 \quad \ldots \quad (11).$$

Die beiden Konstanten $C_1$ und $C_2$ sind beispielsweise bestimmt, wenn die Neigungen der deformierten Mittelfläche beim Uebergang in die Nabe und den äußeren Hohlzylinder bekannt sind. Diese Neigungswinkel sind abhängig von dem Grade der Einspannung der Kolbenscheibe in die Nabe und den äußeren Hohlzylinder (vergl. S. 6 und 8) und nur dann vernachlässigbar klein, wenn die Abmessungen letzterer sehr reichlich sind. Der Einfluß dieser beiden Einspannungen auf die Anstrengung der Kolbenscheibe ist nun verschieden. Eine Verstärkung der Nabe und damit eine Erhöhung der Einspannung an ihr ruft eine Erhöhung der radialen Biegungsspannungen beim Uebergang in die Nabe hervor; eine Verstärkung des äußeren Hohlzylinders dagegen eine Verminderung dieser. Da nun die Spannungen an der Verbindungsstelle mit der Nabe die größten und somit für die Widerstandfähigkeit maßgebend sind, so haben die Nabe und der äußere Hohlzylinder hierauf einen entgegengesetzten Einfluß. Im Interesse der Einfachheit setzen wir nun im Folgenden stets beiderseitige vollkommene Einspannung voraus und nehmen damit an, daß die auf beiden Seiten vorhandenen Abweichungen sich gerade aufheben. Unsere Aufgabe ist damit zurückgeführt auf die Berechnung einer gelochten kreisrunden Scheibe, die innen und außen vollkommen eingespannt ist. Dabei muß aber im Auge behalten werden, daß die sich ergebenden Gleichungen nur bei **kräftiger** Nabe und **kräftigem** Hohlzylinder volle Gültigkeit besitzen.

Wir erhalten nun aus Gl. (11), da sowohl für $x = r_n$ als $x = R_1$ $\frac{dz}{dx} = 0$,

$$C_1 \frac{r_n^2}{2} + C_2 = -\frac{m^2-1}{m^2} \frac{\alpha}{\Theta} \frac{p}{4} \left( R_1^2 r_n^2 \ln r_n - \frac{R_1^2 r_n^2}{2} - \frac{r_n^4}{4} \right)$$

$$C_1 \frac{R_1^2}{2} + C_2 = -\frac{m^2-1}{m^2} \frac{\alpha}{\Theta} \frac{p}{4} \left( R_1^4 \ln R - {}^3\!/_4 R_1^4 \right),$$

woraus

$$C_1 = \frac{m^2-1}{m^2} \frac{\alpha}{\Theta} \frac{p}{8} \left( 4 R_1^2 \frac{r_n^2 \ln r_n - R_1^2 \ln R_1}{R_1^2 - r_n^2} + 3 R_1^2 + r_n^2 \right) \quad \ldots \quad (12)$$

$$C_2 = -\frac{m^2-1}{m^2} \frac{\alpha}{\Theta} \frac{p}{16} R_1^2 r_n^2 \left( \frac{4 R_1^2 \ln \frac{r_n}{R}}{R_1^2 - r^2} + 1 \right) \quad \ldots \quad (13).$$

Aus Gl. (10) ergibt sich nun mit $x = r_n$, $\frac{dz}{dx} = 0$ und $C_1$ aus Gl. (11) der Wert von $\frac{d^2z}{dx^2}$ beim Uebergang in die Nabe

$$\frac{d^2z}{dx^2} = \frac{m^2-1}{m^2}\frac{\alpha}{\Theta}\frac{p}{8}\left[3R_1^2 - 4\frac{R_1^4 \ln\frac{R_1}{r_n}}{R_1^2 - r_n^2} - r_n^2\right] \quad \ldots \quad (14).$$

Da nun an dieser Stelle die Dehnung der äußersten Faser

$$\varepsilon_{r1} = \frac{h}{2}\frac{d^2z}{dx^2}$$

und damit die dieser Dehnung entsprechende Anstrengung, die wir als für den Bruch maßgebend betrachten:

$$\sigma_{b1} = \frac{\varepsilon_{r1}}{\alpha} = \frac{h}{2\alpha}\frac{d^2z}{dx^2} \quad \ldots \ldots \ldots \quad (15),$$

so erhalten wir gemäß Gl. (14), wenn zugleich $m = 10/3$ und $\Theta = \frac{h^3}{12}$ eingesetzt wird,

$$\sigma_{b1} = 0{,}68\,\frac{p}{h^2}\left[3R_1^2 - 4\frac{R_1^4 \ln\frac{R_1}{r_n}}{R_1^2 - r_n^2} - r_n^2\right] \quad \ldots \quad (16).$$

### 2) Anstrengung, herrührend von der am Rande der Scheibe wirkenden Kraft $P$.

Die gleiche Betrachtung, die oben zu Gl. (3a) führte, ergibt in diesem Fall

$$T_r = p\,\frac{R^2 - R_1^2}{2\pi x} \quad \ldots \ldots \ldots \quad (3\,\mathrm{b}).$$

Gl. (8) bleibt hier unverändert bestehen. Wir erhalten demnach an Stelle von Gl. (9) die folgende Differentialgleichung

$$\frac{d^3z}{dx^3} + \frac{1}{x}\frac{d^2z}{dx^2} - \frac{1}{x^2}\frac{dz}{dx} = \frac{m^2-1}{m^2}\frac{\alpha}{\Theta}\frac{p}{2}\frac{R^2 - R_1^2}{\pi x} \quad \ldots \quad (17),$$

woraus durch Integration

$$\frac{d^2z}{dx^2} + \frac{1}{x}\frac{dz}{dx} = \frac{m^2-1}{m^2}\frac{\alpha}{\Theta}\frac{p}{2}\frac{R^2 - R_1^2}{\pi}\ln x + C_1' \quad \ldots \quad (18)$$

und hieraus durch Multiplikation mit $x$ und weitere Integration

$$x\frac{dz}{dx} = \frac{m^2-1}{m^2}\frac{\alpha}{\Theta}\frac{p}{2}\frac{R^2 - R_1^2}{\pi}\left(\frac{x^2}{2}\ln x - \frac{x^2}{4}\right) + C_1'\frac{x^2}{2} + C_2' \quad \ldots \quad (19).$$

Die Bedingung der doppelseitigen Einspannung der Scheibe (vergl. S. 22) ergibt nun

$$C_1' = -\frac{m^2-1}{m^2}\frac{\alpha}{\Theta}\frac{p}{2}\frac{R^2 - R_1^2}{\pi}\left(R_1^2 \ln R_1 - r_n^2 \ln r_n - \frac{R_1^2 - r_n^2}{2}\right) \quad (20).$$

Wir erhalten nun aus Gl. (18) mit $x = r_n$, $\frac{dz}{dx} = 0$ und $C_1'$ aus Gl. (20) den folgenden Wert von $\frac{d^2z}{dx^2}$ beim Uebergang in die Nabe:

$$\frac{d^2z}{dx^2} = \frac{m^2-1}{m^2}\frac{\alpha}{\Theta}\frac{p}{2\pi}(R^2 - R_1^2)\frac{\frac{R_1^2 - r_n^2}{2} - R_1^2 \ln\frac{R_1}{r_n}}{R_1^2 - r_n^2} \quad \ldots \quad (21)$$

und damit gemäß Gl. (15), wenn zugleich $m = 10/3$ und $\Theta = \frac{h^3}{12}$ gesetzt wird,

$$\sigma_{b2} = 0{,}869\,\frac{p}{h^2}(R^2 - R_1^2)\left[1/2 - \frac{R_1^2}{R_1^2 - r_n^2}\ln\frac{R_1}{r_n}\right] \quad \ldots \quad (22).$$

Mit den Gl. (16) und (22) ist die gesamte Anstrengung $\sigma_b$ des Kolbens bestimmt durch

$$\sigma_b = \sigma_{b1} + \sigma_{b2} \quad \ldots \ldots \ldots \quad (23).$$

Mit Rücksicht darauf, daß der bei beiden Gleichungen auftretende natürliche Logarithmus für die Rechnung sehr unbequem ist, stellen wir nach einem vom Verfasser schon wiederholt in Anwendung gebrachten Verfahren[1]) für die beiden Klammerwerte einfache Näherungsausdrücke her, die für die Rechnung geeigneter sind. Wir schreiben zu diesem Zweck die beiden Gleichungen folgendermaßen:

$$\sigma_{b1} = 0{,}68 \frac{p}{h^2} R_1^2 \left[ -3 + 4 \frac{\left(\frac{R_1}{r_n}\right)^2 \ln \frac{R_1}{r_n}}{\left(\frac{R_1}{r_n}\right)^2 - 1} + \left(\frac{r_n}{R_1}\right)^2 \right] \quad \ldots \quad (16\,\mathrm{a}),$$

$$\sigma_{b2} = 0{,}869 \frac{p}{h^2} (R^2 - R_1^2) \left[ -1/2 + \frac{\left(\frac{R_1}{r_n}\right)^2}{\left(\frac{R_1}{r_n}\right)^2 - 1} \ln \frac{R_1}{r_n} \right] \quad \ldots \quad (22\,\mathrm{a}),$$

wobei, um die positiven Biegungspannungen, d. h. die Zugspannung, zu erhalten, gleichzeitig mit $-1$ durchmultipliziert wurde.

Der Klammerausdruck enthält hierin nun noch eine Veränderliche $\frac{R_1}{r_n}$. Man kann sich also das darin enthaltene Gesetz je durch eine ebene Kurve darstellen, Fig. 24. Aus dem Verlauf dieser kann auf die beiden folgenden Näherungsausdrücke an Stelle der Klammerwerte geschlossen werden:

$$y_1 = 17{,}0 \frac{\frac{R_1}{r_n} - 1}{16 + 0{,}1 \left(\frac{R_1}{r_n}\right)^2} \quad \ldots \ldots \quad (24),$$

$$y_2 = 0{,}598 \frac{R_1 - r_n}{0{,}2 R_1 + r_n} \quad \ldots \ldots \quad (25),$$

denen die in den Figuren eingetragenen Punkte entsprechen[2]).

---

[1]) Vergl. Zeitschrift des Vereines deutscher Ingenieure 1907 S. 213 und 1507 ff., Mitteilungen über Forschungsarbeiten Heft 52 S. 95 und 102, ferner die Arbeit des Verfassers: »Dynamische Vorgänge beim Anlauf von Maschinen« S. 12. Verlag von K. Wittwer, Stuttgart.

[2]) Nachstehende Zahlen geben einen Ueberblick über die Abweichungen innerhalb des in Betracht kommenden Bereiches:

| Für $\frac{R_1}{r_n} =$ | 2 | 2,5 | 3 | 3,5 | 4 | 5 | 6 | 8 |
|---|---|---|---|---|---|---|---|---|
| gibt der Näherungsausdruck Gl. (24) | 1,05 | 1,53 | 2,01 | 2,46 | 2,90 | 3,69 | 4,34 | 5,31 |
| und der Klammerausdruck in Gl. (16a) | 0,95 | 1,51 | 2,05 | 2,54 | 2,97 | 3,74 | 4,39 | 5,45 |
| Unterschied | + 0,10 | + 0,02 | − 0,04 | − 0,08 | − 0,07 | − 0,05 | − 0,05 | − 0,14 |
| in vH | + 10,5 | 1,3 | − 2 | − 4 | − 2,3 | − 1,3 | − 1,2 | − 2,6 |
| Ebenso gibt der Näherungsausdruck Gl. (25) | 0,428 | 0,600 | 0,748 | 0,882 | 1,00 | 1,198 | 1,363 | 1,615 |
| und der Klammerausdruck in Gl. (22a) | 0,424 | 0,591 | 0,736 | 0,864 | 0,978 | 1,177 | 1,343 | 1,612 |
| Unterschied | + 0,004 | + 0,009 | + 0,012 | + 0,018 | + 0,022 | + 0,021 | + 0,020 | + 0,003 |
| in vH | + 1 | + 1,5 | + 1,6 | + 2,1 | + 2,2 | + 1,8 | + 1,5 | + 0,2 |

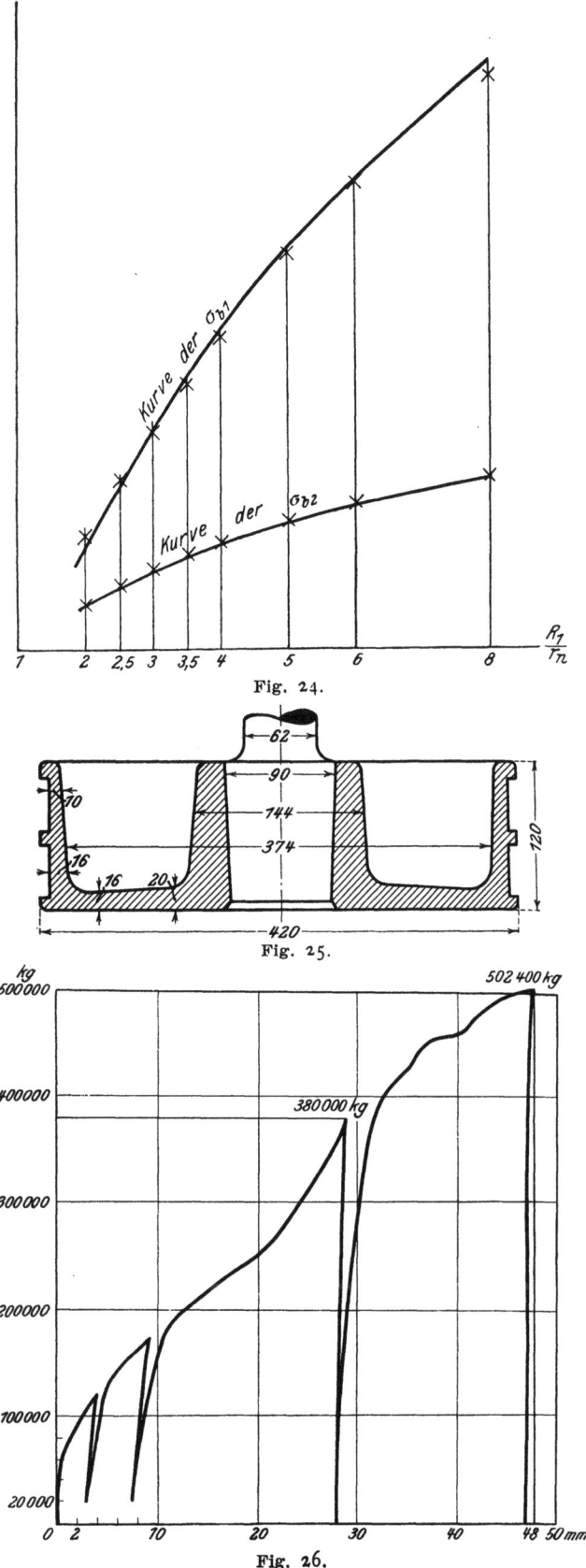

Fig. 24.

Fig. 25.

Fig. 26.

— 26 —

Da die Abweichungen innerhalb der zulässigen Grenzen liegen, so können die beiden Gl. (16a) und (22a) ersetzt werden durch die folgenden:

$$\sigma_{b1} = 0{,}68 \frac{p}{h^2} R_1^2 \, 17{,}0 \, \frac{\dfrac{R_1}{r_n} - 1}{16 + 0{,}1 \left(\dfrac{R_1}{r_n}\right)^2},$$

$$\sigma_{b2} = 0{,}869 \frac{p}{h^2} (R^2 - R_1^2) \, 0{,}598 \, \frac{R_1 - r_n}{0{,}2 \, R_1 + r_n}$$

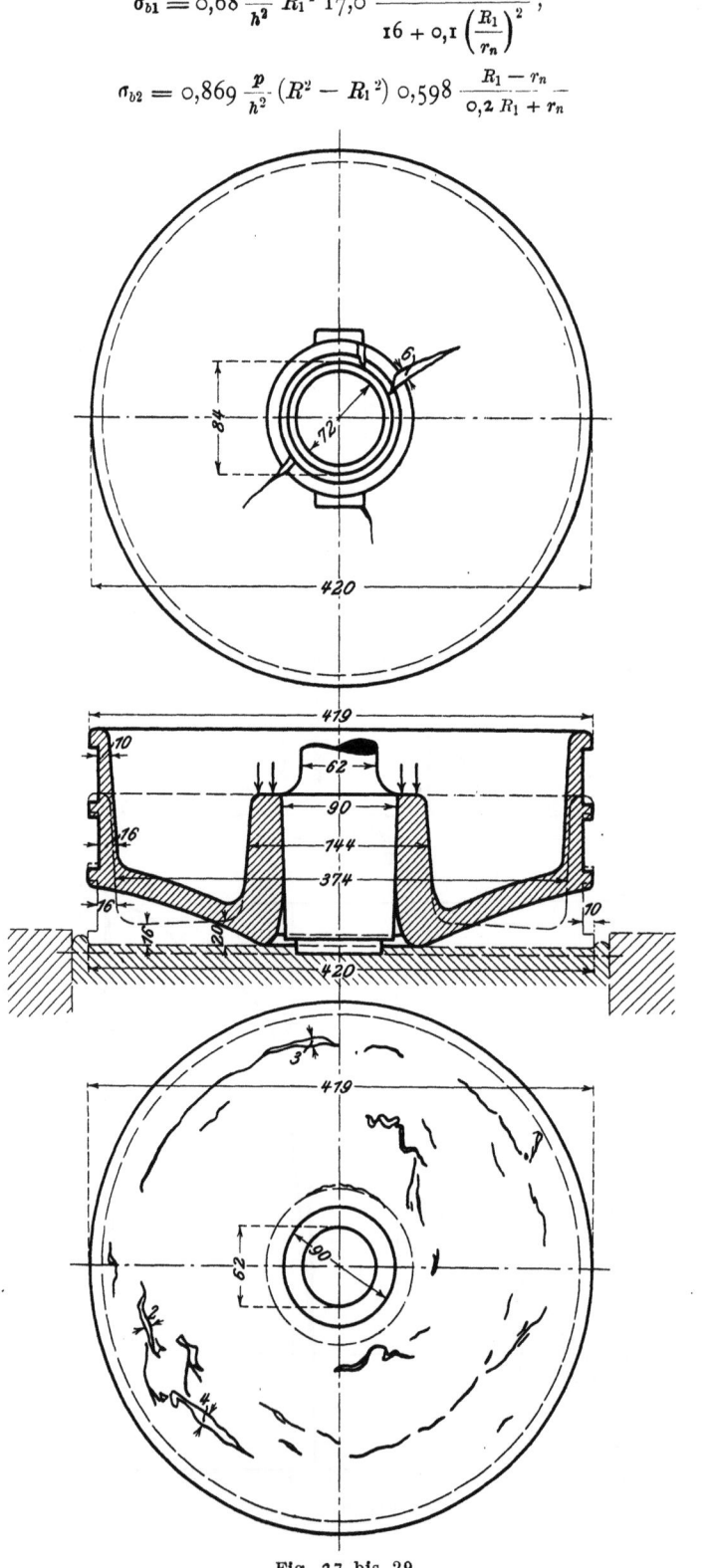

Fig. 27 bis 29.

oder

$$\sigma_{b1} = 11{,}5 \frac{p}{h^2} \frac{R_1{}^2(R_1 - r_n)}{16 r_n + 0{,}1 \frac{R_1{}^2}{r_n}} \quad \ldots \ldots \quad (26),$$

$$\sigma_{b2} = 0{,}52 \frac{p}{h^2} (R^2 - R_1{}^2) \frac{R_1 - r_n}{0{,}2 R_1 + r_n} \quad \ldots \ldots \quad (27).$$

Zur Prüfung dieser Gleichung verwenden wir zwei Versuche Godrons[1]). Die Kolben wurden geprüft, indem sie durch Druck auf die Nabe in einen mit einem Gemisch von Schmierseife und Sand gefüllten Zylinder gepreßt wurden (vergl. Fig. 28) und dieser Druck gemessen wurde. Inwieweit allerdings hierbei gleichmäßige Verteilung des Druckes über die Kolbenfläche erzielt werden konnte, muß dahingestellt bleiben.

$\alpha$) **Versuch mit einem Lokomotivkolben aus Zementstahl, Fig. 25 bis 29).**

Der Kolben wurde zunächst stetig belastet bis über 100000 kg; dann wurde auf 20000 kg zurückgegangen, wobei die Durchbiegungen fortlaufend gemessen wurden. Dann erfolgte wieder eine Steigerung der Belastung u. s. f., wie aus den in Fig. 26 gezeichneten Linien ersichtlich ist. In dieser Figur sind die Ordinaten die Belastungen und die Abszissen die Durchbiegungen des Kolbens am Rande. Nach dem Verlauf dieser Linie scheint die Proportionalitätsgrenze des Materials bei etwa 40000 kg überschritten worden zu sein, entsprechend einer Kolbenpressung von

$$p = \frac{40000}{\pi \frac{42^2}{4}} = 28{,}9 \text{ kg/qcm}.$$

Die Gl. (26) und (27) geben nun, weil

$$R = 21, \quad R_1 = 18{,}4, \quad r_n = 7{,}5, \quad h = 2{,}0,$$

$$\sigma_{b1} = 11{,}5 \frac{p}{2^2} \frac{18{,}4^2 (18{,}4 - 7{,}5)}{16 \cdot 7{,}5 + 0{,}1 \frac{18{,}4^2}{7{,}5}} = 86{,}5\, p = 86{,}5 \cdot 28{,}9 = 2500 \text{ kg/qcm},$$

$$\sigma_{b2} = 0{,}52 \frac{p}{4} (21^2 - 18{,}4^2) \frac{18{,}4 - 7{,}5}{0{,}2 \cdot 18{,}4 + 7{,}5} = 12{,}9\, p = 370 \text{ kg/qcm}.$$

Somit würde die Proportionalitätsgrenze des Materials betragen:

$$\sigma_b = \sigma_{b1} + \sigma_{b2} = 2500 + 370 = 2870 \text{ kg/qcm}.$$

Die genauen Gl. (16) und (22) hätten ergeben

$$\sigma_b = 2450 + 370 = 2820 \text{ kg/qcm},$$

also einen um 1,8 vH geringeren Wert.

$\beta$) **Versuch mit einem Lokomotivkolben aus Gußstahl, Fig. 30 bis 34.**

Das Belastungsdiagramm ist in Fig. 31 wiedergegeben. Aus diesem ist ersichtlich, daß Proportionalität etwa von der Belastung 45000 kg ab nicht mehr vorhanden war, entsprechend einer Kolbenpressung von rd.

$$p = \frac{45000}{33{,}6^2 \frac{\pi}{4}} = 50 \text{ kg/qcm}.$$

Da $R = 16{,}8$, $R_1 = 14{,}4$, $r_n = 6{,}7$, $h = 1{,}8$, so geben die Gl. (26) und (27)

---

[1]) Vergl. Fußbemerkungen S. 12.

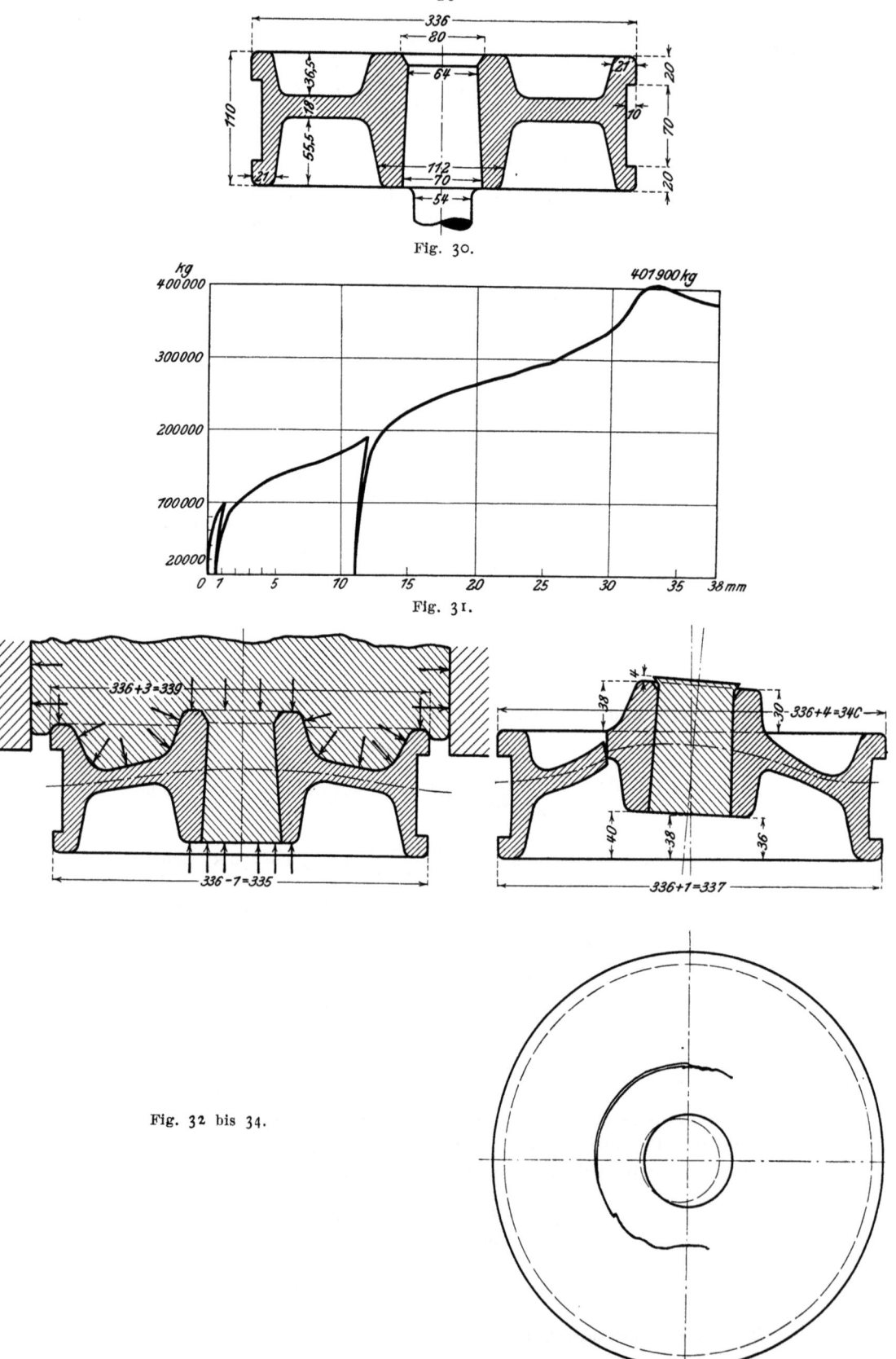

Fig. 30.

Fig. 31.

Fig. 32 bis 34.

$$\sigma_{b1} = 11,5 \frac{p}{1,8^2} \frac{14,4^2 (14,4 - 6,7)}{16 \cdot 6,7 + 0,1 \frac{14,4^2}{6,7}} = 51,2\, p = 2560 \text{ kg/qcm},$$

$$\sigma_{b2} = 0,52 \frac{p}{1,8^2} (16,8^2 - 14,4^2) \frac{14,4 - 6,7}{0,2 \cdot 14,4 + 6,7} = 9,8\, p = 490 \text{ kg/qcm}.$$

Somit würde die Anstrengung des Kolbens hierbei betragen haben

$$\sigma_b = \sigma_{b1} + \sigma_{b2} = 2560 + 490 = 3050 \text{ kg/qcm}.$$

Die beiden ursprünglichen Gl. (16) und (22) ergeben

$$\sigma_b = 2485 + 485 = 2970 \text{ kg/qcm},$$

also einen um 2,7 vH geringeren Wert.

Versuche zur Kennzeichnung des Materials der Kolben hat Godron nicht angegeben. Nichtsdestoweniger können die beiden erhaltenen Zahlen 2870 und 3050 als zu hoch bezeichnet werden. Bei Betrachtung der Versuchsanordnung Fig. 34 erkennt man jedoch, daß infolge des großen Spielraums zwischen Kolben und Zylinderwand die Pressung außen am Kolbenrand geringer gewesen sein muß, als innen an der Nabe. Dadurch erklären sich die hohen Rechnungswerte zur Genüge. Es erscheint deshalb nicht ratsam, auf Grund dieser Versuchsergebnisse zur Einführung eines Berichtigungskoeffizienten zu schreiten, sondern weitere Versuche abzuwarten.

Im Folgenden sollen die Punkte, die zur Einführung eines solchen Koeffizienten führen können, kurz zusammengestellt werden:

1) die Kolbenscheibe wurde als an der Nabe und am Rand vollkommen eingespannt betrachtet;

2) der Kontraktionskoeffizient $m = {}^{10}/_3$ ist bis jetzt nur für reine Zug- und Druckbeanspruchung und nicht für die in einer ebenen, auf Biegung beanspruchten Scheibe vorhandenen Spannungsverhältnisse einwandfrei bestimmt;

3) beim Uebergang der Kolbenscheibe in die Nabe und den äußeren Hohlzylinder sind stets mehr oder minder große Ausrundungen vorhanden, die eine gewisse Versteifung der Scheibe bedeuten und insbesondere bei kleineren Kolben von Einfluß sind.

**b) Hohlkolben, Fig. 35.** Die oben erwähnten Verfahren von Reymann und Godron zur Berechnung von Hohlkolben sind deshalb als nicht genügend anzusehen, weil sie die in den Rippen angeordneten Aussparungen, welche aus Gießereirücksichten angebracht werden, vollkommen vernachlässigen. Aus den Versuchen Bachs und denjenigen von Godron geht mit Sicherheit hervor, daß gerade an diesen Oeffnungen die schwächste Stelle des Kolbens liegt, denn in allen Fällen ging der erste Bruch von dem Rande der Aussparung aus. Es steht deshalb zu vermuten, daß die Abmessungen der Aussparungen auf die Widerstandsfähigkeit des Kolbens einen hervorragenden Einfluß ausüben.

Entsprechend den im Kolben angeordneten Rippen läßt sich dieser in lauter Sektoren einteilen, von denen jeder für sich gleichen Verhältnissen unterliegt.

Wir schneiden den zu der Rippe $OC$, Fig. 36, gehörigen Sektor $OAB$ heraus und betrachten die an diesem wirkenden Kräfte.

Auf der Oberfläche $ABED$ wirkt die Flüssigkeitspressung $p$ als äußere Kraft. An den Seitenflächen $AE$ und $BD$ wirken innere Kräfte, welche wie folgt entstehen:

Da bei der Formänderung die Kante $AA_1$, Fig. 35, eine gewisse Neigung gegen die Senkrechte annimmt, so vergrößert der durch den Punkt $A$ gehende Kreis seinen Halbmesser, während der durch den Punkt $A_1$ gelegte den seinen verkleinert. Dadurch entstehen (positive bezw. negative) Spannungen in Richtung des Umfangs dieser Kreise, welche die eintretende Formänderung zu hindern suchen.

Die gleiche Betrachtung würde für sämtliche Punkte der Schnittflächen $AE$ und $BD$ des Sektors gelten, wenn angenommen werden dürfte, daß die vor der Formänderung in einer Linie liegenden Querschnitte $xx$ der oberen und unteren Scheibe, Fig. 35, auch nach der Formänderung in einer Geraden liegen. Da jedoch im mittleren Teil zwischen zwei aufeinanderfolgenden Rippen die beiden

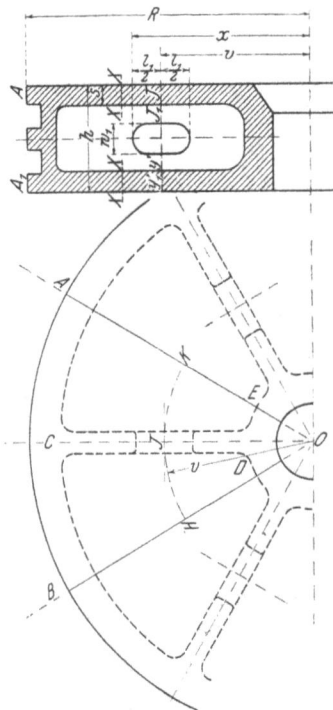

Fig. 35 und 36.

Scheiben verhältnismäßig unabhängig voneinander sind und außerdem nur die eine unmittelbar dem Flüssigkeitsdruck unterworfen ist, so wird die Formänderung beider längs der Schnittebenen $AE$ und $BD$ mit einem gewissen Grade unabhängig voneinander eintreten und überdies oben und unten in verschiedenem Maße sich ausbilden. Die Querschnitte werden demnach nach der Formänderung nicht in einer Geraden, sondern versetzt gegeneinander liegen. Die oben erwähnten Dehnungen der Parallelkreise und somit auch die Tangentialkräfte treten demnach nicht in der Stärke auf wie am Kolbenrande.

Beim Hohlkolben liegt, wie schon erwähnt, die schwache Stelle an den in den Rippen angeordneten Aussparungen, welche in der Mittelfläche des Kolbens liegen. Da demnach die von den Tangentialkräften unabhängige Schubkraft den Bruch herbeiführt, so haben hier — im Gegensatz zu dem oben behandelten Stahlkolben — die Tangentialspannungen auf die Tragfähigkeit nur einen sehr geringen Einfluß. Aus diesem Grunde und weil nach den obigen Betrachtungen eine zuverlässige Berechnung derselben nicht möglich ist, werden sie im Folgenden nicht mehr berücksichtigt. Der dadurch gemachte Fehler läßt die Anstrengung des Kolbens etwas zu groß erscheinen, liegt also im Sinne praktischer Rechnungen.

Wir haben nunmehr zur Berechnung den einfachen bei $ED$, Fig. 36, eingespannten Sektor $ABDE$, der in seiner neutralen Faserschicht mit einem Loch versehen ist. Die Versuche zeigten, daß der Bruch nicht im Einspannquerschnitt an der Nabe, sondern an diesem Loch auftritt. Da dieses der üblichen Anschauung gerade entgegengesetzte Verhalten besondere Würdigung verdient, so ist es in der am Anhang folgenden Arbeit: »Der Einfluß von Löchern oder Schlitzen in der Neutralschicht gebogener Balken auf ihre Tragfähigkeit« gesondert behandelt, und es sei gestattet, auf die dortigen Darlegungen zu verweisen. Danach beträgt die am Lochrand auftretende Anstrengung eines solchen Trägers:

$$\sigma = \frac{h}{2}\frac{M_b}{\Theta} + \frac{Pl_1}{4}\left(\frac{1}{af} + \frac{a-\frac{w_1}{2}}{\Theta_1}\right)^{1)} \quad \ldots \ldots \quad (28),$$

wo bezeichnet (vergl. Fig. 35)

$h$ die Höhe des Kolbens,

$\Theta$ das Trägheitsmoment des durch die Lochmitte geführten Querschnitts $JJ_1J'J_1'$ des Sektors (im Grundriß Fig. 36 $HJK$),

$\Theta_1$ das Trägheitsmoment der ⊥-förmigen Querschnitte $JJ_1$ und $J'J_1'$, die oberhalb und unterhalb des Schlitzes liegen,

$2a$ die Entfernung der Schwerpunkte dieser beiden Querschnitte,

$f$ den Inhalt jedes dieser Querschnitte,

$l_1$ die Länge der Aussparung,

$w$ deren lichte Höhe,

$P$ die Schubkraft in dem durch die Lochmitte gehenden Trägerquerschnitt:

$$P = \frac{\pi}{i}(R^2 - v^2)p \quad \ldots \ldots \ldots \quad (29),$$

$i$ die Anzahl der Rippen,

$M_b$ das biegende Moment des Sektors an der Stelle, wo das Loch vom Kolbenrande her beginnt:

$$M_b = p\frac{\pi}{3i}(R-x)^2(2R+x) \quad \ldots \ldots \quad (30).$$

Zur Prüfung von Gl. (28) benutzen wir die von Bach und von Godron durchgeführten Versuche.

α) Kolben Fig. 37[2]). Der Bruch des Kolbens trat ein bei $p = 36{,}5$ at und ging von einem der in den Rippen angeordneten Löcher aus (vergl. a. a. O. Fig. 9 und 11).

Der bei der Rechnung zu Grunde zu legende Sektorquerschnitt ist in Fig. 39 gezeichnet. Da

$$R = 49{,}8, \quad i = 6, \quad v = 22, \quad x = 25{,}5, \quad h = 21, \quad \Theta = 10790, \quad \Theta_1 = 177,$$
$$f = 70{,}1, \quad a = 8{,}63, \quad l_1 = 7, \quad w_1 = 7,$$

so ist
$$M_b = p\frac{\pi}{3\cdot 6}(49{,}8 - 25{,}5)^2(49{,}8 + 25{,}5) = 12900\,p$$
$$P = \frac{\pi}{6}(49{,}8^2 - 22^2)\,p = 1000\,p;$$

somit
$$\sigma = \frac{21}{2}\frac{12900\,p}{10790} + \frac{1000\,p\cdot 7}{4}\left(\frac{1}{8{,}63\cdot 70{,}1} + \frac{8{,}63 - \frac{7}{2}}{177}\right)$$
$$= 12{,}6\,p + 53{,}5\,p = 460 + 1950 = 2410 \text{ kg/qcm}.$$

---

[1]) Der a. a. O. eingeführte Faktor $\mu$ ist hier gleich 1 zu setzen.

[2]) Siehe in Mitteilungen über Forschungsarbeiten Heft 31: C. Bach, Versuche zur Ermittlung der Durchbiegung und der Widerstandsfähigkeit von Scheibenkolben.

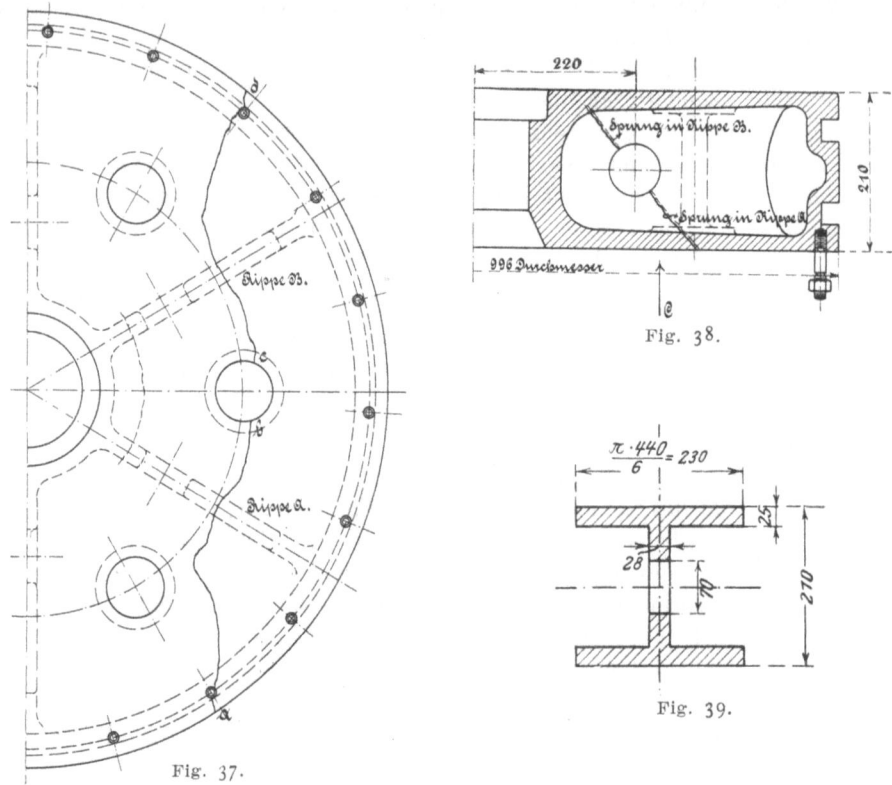

Fig. 37.
Fig. 38.
Fig. 39.

Zur Ermittlung der Güte des Materials wurden aus dem Kolben 4 Stäbe herausgearbeitet und der Zugprobe unterworfen. Die Ergebnisse finden sich nachstehend zusammengestellt.

| Bezeichnung | Durchmesser $d$ cm | Querschnitt $\frac{\pi}{4}d^2$ qcm | zylindrische Länge vom Durchmesser $d$ cm | Bruchbelastung $P_{max}$ kg | Bruchbelastung $P_{max} : \frac{\pi}{4}d^2$ kg/qcm |
|---|---|---|---|---|---|
| A 1 | 1,50 | 1,77 | 6,0 | 3891 | 2198 |
| A 2 | 1,50 | 1,77 | 6,0 | 3843 | 2171 |
| B 1 | 1,50 | 1,77 | 6,0 | 3898 | 2202 |
| B 2 | 1,50 | 1,77 | 6,0 | 3823 | 2160 |

Als Mittelwert für die Zugfestigkeit ergibt sich hieraus der Wert 2180 kg/qcm.

β) Kolben Fig. 40[1]). Der an der Rippe beginnende Bruch trat ein bei $p = 6,9$ at (vergl. Fig. 40). Der durch die Lochmitte geführte Querschnitt eines Sektors ist in Fig. 42 gezeichnet. Es ist gemäß Fig. 40 und 42:

$R = 67,25$, $i = 6$, $v = 30,5$, $x = 40,8$, $h = 22,4$, $\Theta = 19227$, $\Theta_1 = 203,4$,
$f = 102,2$, $a = 9,38$, $l_1 = 20,5$, $w_1 = 8,8$,

somit
$$M_b = p \frac{\pi}{3 \cdot 6}(67,25 - 40,8)^2 (2 \cdot 67,25 + 40,8) = 21400\,p,$$

$$P = p\frac{\pi}{6}(67,25^2 - 30,5^2) = 1880\,p,$$

$$\sigma = \frac{22,4}{2}\frac{21400\,p}{19227} + \frac{1880\,p \cdot 20,5}{4}\left(\frac{1}{9,38 \cdot 102,2} + \frac{9,38 - \frac{8,8}{2}}{203,4}\right)$$
$$= 12,4\,p + 246\,p = 85 + 1700 = 1785 \text{ kg/qcm}.$$

[1]) Vergl. Fußbemerkung 2 Seite 31.

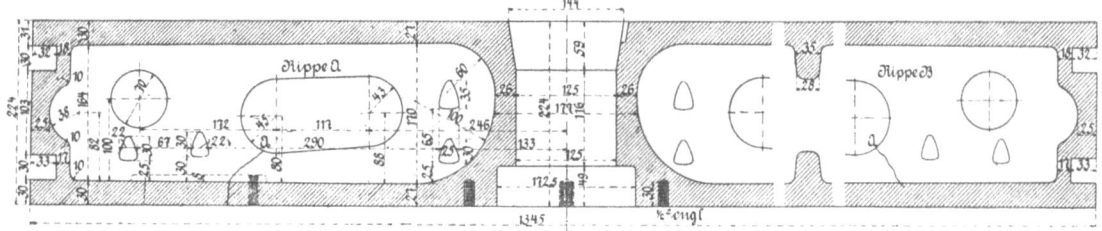

Fig. 40.

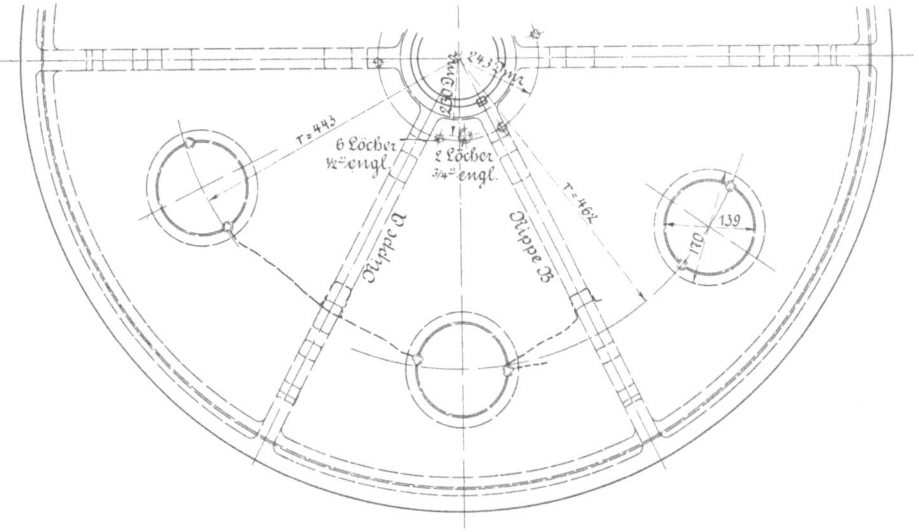

Fig. 41.

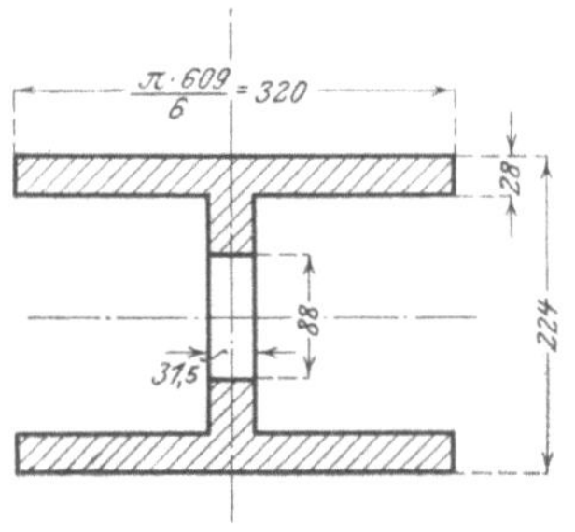

Fig. 42.

Die aus dem Kolben herausgearbeiteten Zugstäbe ergaben die nachstehenden Werte:

| Bezeichnung | Durchmesser $d$ cm | Querschnitt $\frac{\pi}{4}d^2$ qcm | zylindrische Länge vom Durchm. $d$ cm | Bruchbelastung $P_{max}$ kg | $P_{max} : \frac{\pi}{4}d^2$ kg/qcm | Bemerkungen |
|---|---|---|---|---|---|---|
| 1 | 2,20 | 3,80 | 12,5 | 4800 | 1263 | |
| 2 | 2,20 | 3,80 | 12,5 | 4150 | 1092 | Bruchfläche mangelhaft |
| 3 | 2,20 | 3,80 | 12,5 | 4650 | 1224 | |

Wenn man von dem Stab 2 mit der fehlerhaften Bruchfläche absieht, so erhält man als mittlere Zugfestigkeit des Materials des Kolbens 1240 kg/qcm.

γ) **Kolben Fig. 44.** Der von Godron[1]) geprüfte Kolben wurde am Rand aufgelegt (vergl. Fig. 44) und in der Mitte belastet. Obwohl die so erreichte Belastung von dem Zustand gleichmäßiger Verteilung weit entfernt war, so soll dieser Versuch doch mit herangezogen werden.

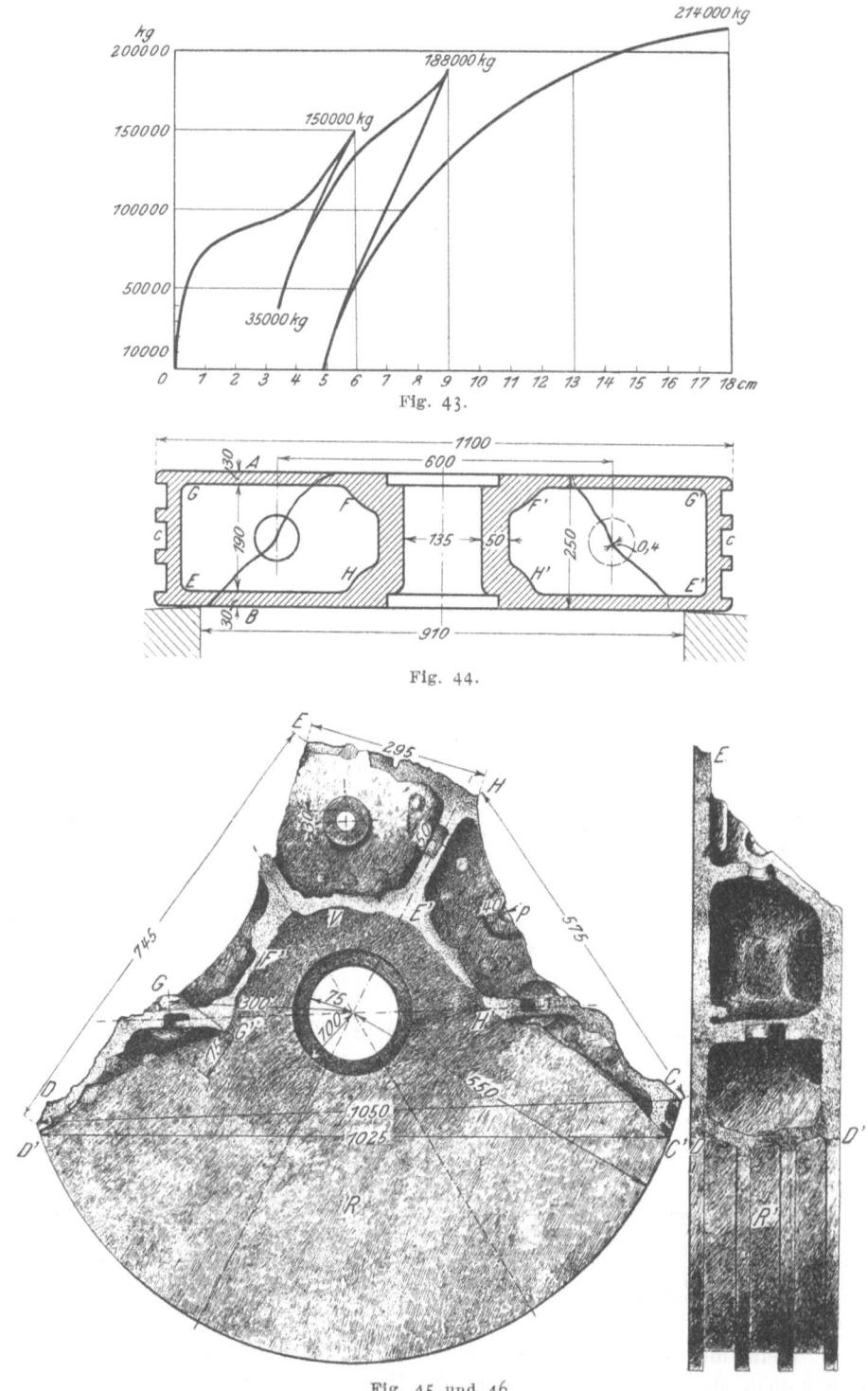

Fig. 43.

Fig. 44.

Fig. 45 und 46.

---
[1]) Siehe **Fußbemerkung Seite** 12.

Der erste Bruch einer Rippe erfolgte bei 188 000 kg, der zweite bei 190 000 kg; vollkommene Trennung trat bei 214 000 kg ein. Der Verlauf der Bruchlinien ist aus Fig. 44 bis 46 zu ersehen und zeigt dieselbe charakteristische Form wie die oben erwähnten Kolben. Die Größe der gemessenen Durchbiegungen ist in Fig. 43 eingetragen.

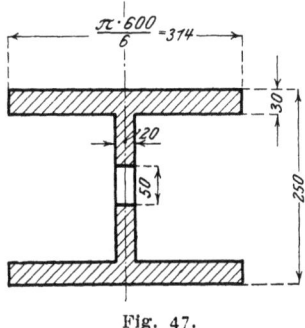

Fig. 47.

Den für die Rechnung maßgebenden Sektorquerschnitt zeigt Fig. 47.
In Gl. (28) bis (30) ist zu setzen:

$$R = 45{,}5, \quad i = 6, \quad v = 30, \quad x = 32{,}5, \quad h = 25, \quad \Theta = 24\,100, \quad \Theta_1 = 432{,}2,$$
$$f = 108{,}2, \quad a = 10{,}38, \quad l_1 = 5, \quad w_1 = 5,$$

ferner

$$M_b = \frac{188\,000}{6}(45{,}5 - 32{,}5) = 407\,000 \text{ kgcm},$$

$$P = \frac{188\,000}{6} = 31\,300 \text{ kg},$$

womit

$$\sigma = \frac{25}{2} \cdot \frac{407\,000}{24\,100} + \frac{31\,300 \cdot 5}{4}\left(\frac{1}{10{,}38 \cdot 108{,}2} + \frac{10{,}38 - \frac{5}{2}}{432{,}2}\right)$$
$$= 211 + 750 = 961 \text{ kg/qcm}.$$

Zwei aus dem Kolben herausgearbeitete Zugstäbe ergaben 900 bezw. 920 kg/qcm Zugfestigkeit des Materials.

Die Ergebnisse aus den drei durchgerechneten Versuchen sind nachstehend zusammengestellt.

| 1 | 2 | 3 | 4 | 5 |
|---|---|---|---|---|
| Zeichnung des Kolbens | Versuch durchgeführt von | Art der Belastung | Anstrengung im Augenblick des Bruches n. Gl.(28) kg/qcm | Zugfestigkeit des Materials kg/qcm |
| Fig. 37 | Bach | Flüssigkeitspressung | 2410 | 2180 |
| Fig. 40 | Bach | Flüssigkeitspressung | 1785 | 1240 |
| Fig. 44 | Godron | Kolben am Rand aufgelegt und in der Mitte belastet | 961 | 910 |

Aus Spalte 4 und 5 ersieht man, daß die Rechnungswerte aus Gl. (28) sich gleichlaufend mit der Zugfestigkeit ändern, jedoch größer sind als diese. Am nächsten kommt ihr der für den französischen Kolben erhaltene Wert. Bei der Beurteilung dieses Versuches ist jedoch im Auge zu behalten, daß die konzentrierte Belastung naturgemäß eine stärkere Beanspruchung des Kolbens, also eine geringere Bruchlast bedingt, als die gleichmäßig verteilte Pressung.

Da die Biegungsfestigkeit des gefährdeten ⊥-förmigen Querschnitts $JJ_1$, Fig. 35, etwa das 1,7fache der Zugfestigkeit sein sollte, so sind die berechneten

Werte gegenüber dieser zu klein. Sie liegen vielmehr zwischen der Zugfestigkeit und der Biegungsfestigkeit.

Man wird also bei der Berechnung eines Kolbens dann sicher gehen, wenn aus Gl. (28) sich für die Betriebspressung ein Wert ergibt, der die zulässige Anstrengung des Materials auf Zug nach Möglichkeit nicht überschreitet.

### Zusammenfassung.

#### a) Stahlkolben.

Bezeichnet mit bezug auf Fig. 17

$R$ den Halbmesser des Kolbens,

$R_1$ den inneren Halbmesser des Hohlzylinders, in welchem die Kolbenringe liegen,

$r_n$ den Halbmesser der Nabe,

$h$ die Dicke der Kolbenscheibe,

so ist die Anstrengung des Kolbens:

worin
$$\sigma_b = \sigma_{b1} + \sigma_{b2} \quad \ldots \ldots \ldots \ldots (23),$$

$$\sigma_{b1} = 11,5 \frac{p}{h^2} \frac{R_1{}^2 (R_1 - r_n)}{0,1 \frac{R_1{}^2}{r_n} + 16\, r_n} \quad \ldots \ldots \ldots (26)$$

$$\sigma_{b2} = 0,52 \frac{p}{h^2} (R^2 - R_1{}^2) \frac{R_1 - r_n}{0,2\, R_1 + r_n} \quad \ldots \ldots (27).$$

Eine möglichst starke Bemessung der Nabe und des äußeren Hohlzylinders, in welchem die Kolbenringe liegen, ist anzustreben. Hierbei diene als Anhalt, daß der mittlere Durchmesser der Nabe nicht kleiner als das 1,6fache der Bohrung und der durch die Kolbenringe nicht verschwächte Teil des äußeren Hohlzylinders nicht kleiner als das 0,8fache der Dicke $h$ der Kolbenscheibe sein sollte.

Gl. (26) und (27) sind aus den Gl. (16) und (22) (Seite 23 und 24) hervorgegangene Näherungsgleichungen (vergl. die Betrachtung Seite 24).

#### b) Hohlkolben.

Die zugehörigen Bezeichnungen sind Seite 31 und in Fig. 35 angegeben. Die Anstrengung des Kolbens beträgt

worin
$$\sigma = \frac{h}{2} \frac{M_b}{\Theta} + \frac{P l_1}{4} \left( \frac{1}{af} + \frac{a - \frac{w_1}{2}}{\Theta_1} \right) \quad \ldots \ldots (28),$$

$$M_b = p \frac{\pi}{3i} (R - x)^2 (2R + x) \quad \ldots \ldots \ldots (20)$$

$$P = p \frac{\pi}{i} (R^2 - v^2) \quad \ldots \ldots \ldots \ldots (29).$$

Der sich für $\sigma$ ergebende Wert sollte die Zugfestigkeit des Materials nach Möglichkeit nicht überschreiten.

Die Dicke $s$ der Kolbenscheibe (vergl. Fig. 35) darf hierbei das 0,6fache der Dicke der Rippen, der Durchmesser der Nabe das 1,5fache der Bohrung derselben nicht unterschreiten. Die beiden erwähnten Bedingungen sind notwendig, um zu verhindern, daß der Bruch in der Kolbenscheibe oder in der Nabe erfolgt.

Stuttgart, im Juli 1909.                            C. Pfleiderer.

# Der Einfluß von Löchern oder Schlitzen in der neutralen Schicht gebogener Balken auf ihre Tragfähigkeit.

### Von Dr.-Ing. **C. Pfleiderer,** Mülheim-Ruhr.

In jedem durch biegende Kräfte beanspruchten Balken gibt es nach unserer Vorstellung eine Faserschicht, in welcher die Biegungsspannungen gleich null sind und die deshalb auch die neutrale Schicht genannt wird. Diese Auffassung verleitet häufig zu der Annahme, daß man längs dieser Schicht Material auf eine gewisse Strecke herausnehmen könne, ohne die Tragfähigkeit des Balkens wesentlich zu verringern. Der eingetretenen Verschwächung glaubt man auf jeden Fall dadurch Rechnung zu tragen, daß man in die Biegungsgleichung nicht das Trägheitsmoment des vollen, sondern des durch die Lochmitte geführten Querschnittes einsetzt.

Diese Anschauung, die ganz davon absieht, welchen Einfluß eine solche Aussparung auf die Verteilung der Schubspannungen äußert, hat dann einigen Anspruch auf Richtigkeit, wenn an dem Balken Schubkräfte nicht zur Wirkung kommen, also das biegende Moment für jeden Querschnitt denselben Wert besitzt. Dies ist aber ein in der Technik zu den Ausnahmen gehörender Fall. Im allgemeinen sind Schubkräfte vorhanden, und die durch diese hervorgerufenen Schubspannungen erreichen wie bekannt in der neutralen Faserschicht ihren Größtwert. Wenn nun durch das Anbringen von Schlitzen oder Löchern das Auftreten der Schubspannungen an dieser Stelle verhindert wird, so muß sich der Biegungsvorgang in anderer Weise als bei einem vollen Balken vollziehen. Beispielsweise werden sich die Biegungsspannungen nicht mehr nach dem Geradliniengesetz über den Querschnitt verteilen, weil die durch den Schlitz getrennten Balkenteile ihre Form unabhängig voneinander verändern und somit der Querschnitt bei der Formänderung nicht eben bleiben kann; also die wichtigste Voraussetzung für die Richtigkeit der allgemeinen Biegungsgleichungen wird in Wegfall kommen.

In der Tat brechen solche Stäbe auch nicht zuerst an den äußersten Fasern, sondern der Bruch beginnt innen an dem Rand der Aussparung, und zwar schon bei verhältnismäßig geringen Belastungen. Da Löcher oder Schlitze der besprochenen Art im Maschinenbau häufig verwendet werden müssen, insbesondere bei gußeisernen Körpern, um den Kern zu stützen, und eine Erklärung des abweichenden Verhaltens solcher Träger höchst wünschenswert erscheint, so werde an dieser Stelle näher darauf eingegangen.

Die folgende Untersuchung soll mit einfachen Mitteln einen Einblick in den in Betracht kommenden elastischen Vorgang bieten und eine Berechnung dieser Träger ermöglichen. Sie soll aber keinen Anspruch auf vollkommene Genauigkeit der Behandlung machen, weil eine solche auf fast unüberwindliche Schwierigkeiten stoßen würde. Für die Bedürfnisse des Ingenieurs kann aber das Nachfolgende als vollkommen ausreichend betrachtet werden.

Der Balken, Fig. 1, der längs der neutralen Schicht auf die Länge $l_1$ mit einem Schlitz versehen ist, werde durch die an seinem Ende $C$ wirkende Kraft $P$ belastet.

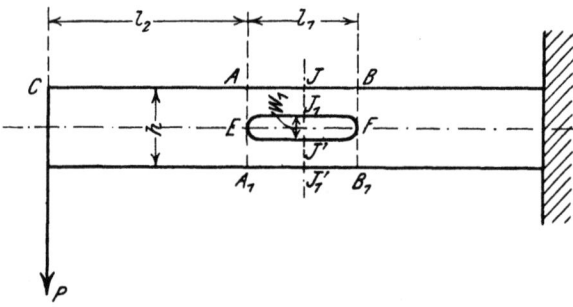

Fig. 1.

Wir schneiden zunächst den unversehrten Balkenteil von der Länge $l_2$, dessen Untersuchung nichts Neues bietet, ab und bringen an der Schnittfläche $AA_1$ die vorhandenen inneren Kräfte an. Diese Kräfte sind

1) die Schubspannungen, deren Summe gleich der Kraft $P$,
2) die Biegungsspannungen, deren Summe gleich null, deren Moment jedoch gleich ist

$$M_b = Pl_2.$$

Wir können nun vom Vorhandensein des Stabteiles $CA$, Fig. 1, ganz absehen, wenn wir an der Schnittfläche $AA_1$ die Schubkraft $P$ und das biegende Moment $M_b$ anbringen, Fig. 2. Der Stabteil $AB$, Fig. 1 und 2, stellt nichts

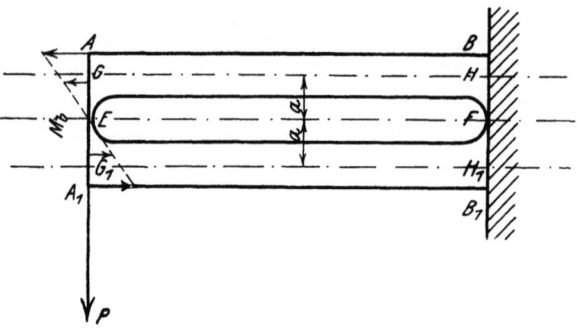

Fig. 2.

anderes dar als einen Träger aus zwei Balken, die bei $E$ und $F$ miteinander starr verbunden sind. Infolgedessen müssen bei der eintretenden Formänderung die Mittellinien der beiden Stäbe sich selbständig durchbiegen können, nur daß sie an diesen Verbindungsstellen parallele Tangenten bekommen, s. Fig. 3.

Es werde zunächst der Einfluß der Schubkraft $P$ allein untersucht.

Unter der Voraussetzung, daß der Querschnitt des unversehrten Stabes eine wagerechte und senkrechte Symmetrielinie besitzt, muß in Fig. 3 der Steg $GG_1$ in der Mitte $E$ einen Wendepunkt erhalten, also an dieser Stelle frei von

Biegungsspannungen sein. Es kann also im Querschnitt bei E in Richtung der Stabachse nur eine Schubkraft T wirken, und wir können bei E durchschneiden und jeden der beiden Träger für sich betrachten, wenn wir an dem durchgeschnittenen Verbindungssteg parallel zur Stabachse eine Kraft T wirken lassen,

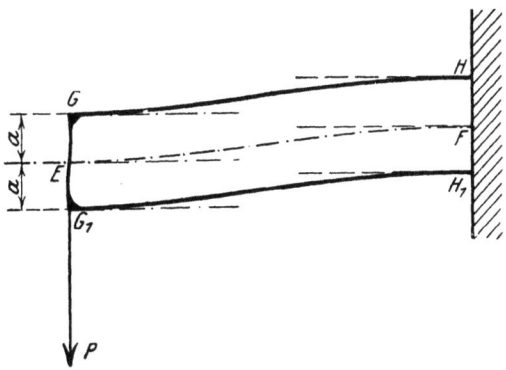

Fig. 3.

Fig. 4. Da in Wirklichkeit die Formänderung des Steges $GG_1$ vernachlässigbar klein ist, so muß diese Kraft T so groß sein, daß die elastische Linie bei G gerade eine wagerechte Tangente erhält[1]).

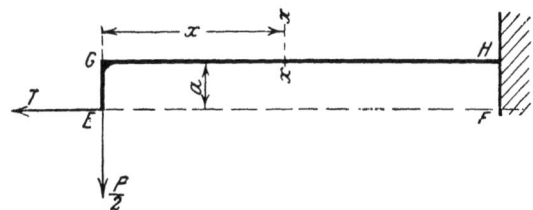

Fig. 4.

Es bezeichnen unter Bezugnahme auf Fig. 2, 3 und 4

$a$ die halbe Entfernung der Mittellinien der beiden Stäbe,
$\Theta_1$ das Trägheitsmoment ihres Querschnittes,
$f$ den Inhalt dieses Querschnittes,
$e$ den Abstand der äußersten gezogenen Faser von der Nullachse.

Wie sich aus der Symmetrie des Ganzen unmittelbar ergibt, entfällt auf jeden der beiden Träger die Kraft $\frac{P}{2}$. Damit beträgt das biegende Moment im beliebigen Querschnitt $xx$, Fig. 4:

$$M_{b1} = \frac{P}{2}x - Ta \quad \ldots \ldots \ldots \ldots (1).$$

Zur Bestimmung der noch unbekannten Schubkraft T benutzen wir die Differentialgleichung der elastischen Linie:

---

[1]) Dies trifft allerdings nur mit Annäherung zu. Da die Kraft T sich in dem oberen Balken als Zugkraft äußert und in dem unteren Balken als Druckkraft, so werden die Tangenten nicht genau wagerecht sein können. Eine genaue Untersuchung zeigt aber, daß der durch unsere Annahme gemachte Fehler sehr unbedeutend ist. Die sich ergebende genaue Gleichung lautet statt Gl. (4):

$$\sigma_b = \frac{Pl_1}{4} \frac{1}{a + \frac{\Theta_1}{fa}} \left[\frac{1}{f} + \frac{e}{\Theta_1}\left(a + \frac{2\Theta_1}{fa}\right)\right] \quad \ldots \ldots (4a).$$

$$\frac{d^2y}{dx^2} = \frac{a M_{b1}}{\Theta_1} = \frac{a}{\Theta_1}\left(\frac{P}{2}x - Ta\right),$$

woraus durch Integration

$$\frac{dy}{dx} = \left(\frac{P}{4}x^2 - Tax\right)\frac{a}{\Theta_1} + C.$$

Da die elastische Linie an beiden Enden wagerechte Tangenten erhalten soll, so wird mit

$$x = 0, \quad \frac{dy}{dx} = 0,$$

also $C = 0$, ferner mit

$$x = l_1, \quad \frac{dy}{dx} = 0,$$

also

$$0 = \frac{P}{4}l_1^2 - Tal_1,$$

woraus

$$T = \frac{Pl_1}{4a}\text{ }^1) \quad \ldots \ldots \ldots \ldots \quad (2)$$

und mit Gl. (1)

$$M_{b1} = \frac{P}{2}\left(x - \frac{l_1}{2}\right).$$

Der Größtwert des biegenden Momentes tritt an beiden Enden des Schlitzes auf und ergibt sich also mit $x = 0$ und $x = \frac{l_1}{2}$ zu

$$M_{b1} = \pm P\frac{l_1}{4} \ldots \ldots \ldots \ldots \quad (3).$$

Wir erhalten also als Anstrengung des Balkens, Fig. 4, durch die Zugkraft $T$ und das biegende Moment $M_{b1}$, wenn wir die für geradlinige Träger gültigen Gleichungen benutzen, also die Krümmung an den Enden des Schlitzes vernachlässigen:

$$\sigma_1 = \frac{T}{f} + \frac{e M_{b1}}{\Theta_1}$$

oder mit Gl. (2) und (3)

$$\sigma_1 = \frac{Pl_1}{4}\left(\frac{1}{af} + \frac{l_1}{\Theta}\right) \ldots \ldots \ldots \quad (4).$$

---

[1]) Zur Bestimmung der Schubfestigkeit eines Baustoffes wird häufig der nebenstehend gezeichnete Körper, Fig. 5 und 6, benutzt und dabei die Schubkraft im Querschnitt $bb$ gesetzt gleich

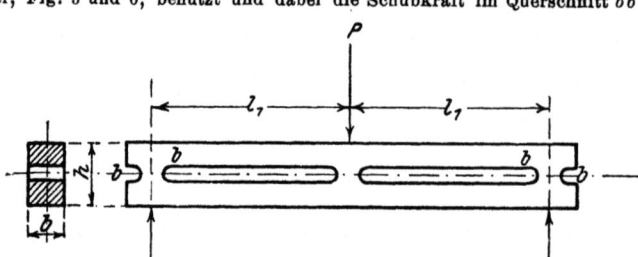

Fig. 5 und 6.

$$T = \int_0^{l_1} {}^3/_2 \frac{P}{bh} dx b = {}^3/_2 \frac{P}{h} l_1,$$

wobei die oben als irrtümlich gekennzeichnete Annahme einer einheitlichen Durchbiegung des Balkens zugrunde gelegt ist. Tatsächlich beträgt die Schubkraft nach Gl. (2):

$$T = \frac{Pl_1}{4\frac{h}{4}} = \frac{Pl_1}{h}.$$

Hierzu kommen noch die Spannungen, herrührend von dem im Querschnitt $AA_1$ wirkenden, über die ganze Schlitzlänge gleichförmigen, biegenden Moment $M_{b2} = Pl_2$. Da diese Spannungen sich infolge der plötzlichen Querschnittänderungen am Lochrand stark zusammendrängen werden, so setzen wir sie gleich der größten im vollen Balken vorhandenen Spannung

$$\sigma_2 = \frac{h}{2}\frac{M_b}{\Theta} \quad \ldots \ldots \ldots \ldots \quad (5),$$

wo $\Theta$ das Trägheitsmoment des durch den Schlitz verschwächten Querschnittes und $h$ die Trägerhöhe bezeichnen.

Die Spannungen $\sigma_1$ und $\sigma_2$ sind Biegungsspannungen in Querschnitten von verschiedener Form. Hat beispielsweise der betrachtete Träger I-Querschnitt, so sind die Spannungen $\sigma_1$ Biegungsspannungen im ⊥-förmigen und die Spannungen $\sigma_2$ Biegungsspannungen im I-förmigen Querschnitt. Hierauf ist Rücksicht zu nehmen, falls der Träger aus Gußeisen besteht, weil hier die Biegungsfestigkeit von der Querschnittsform abhängig ist[1]). Um die beiden Spannungen addieren zu können, muß man deshalb die eine auf die andere reduzieren.

Wir reduzieren im Folgenden stets auf den Querschnitt im vollen Balken. Dies geschieht bei Gußeisen durch Multiplizieren von $\sigma_1$ mit $\mu = \frac{1}{2}\sqrt{\frac{h}{a}}$. Damit erhalten wir als gesamte Anstrengung des Balkens am Lochrand:

$$\sigma_b = \sigma_2 + \mu\,\sigma_1$$
$$= \frac{h}{2}\frac{M_b}{\Theta} + \mu\frac{Pl_1}{4}\left(\frac{1}{af} + \frac{e}{\Theta_1}\right).$$

Wenn $w_1$ die Höhe (lichte Weite) des Schlitzes ist, so wird

$$e = a - \frac{w_1}{2}$$

und damit die Anstrengung

$$\sigma_b = \frac{h}{2}\frac{M_b}{\Theta} + \mu\frac{Pl_1}{4}\left(\frac{1}{af} + \frac{a - \frac{w_1}{2}}{\Theta_1}\right) \quad \ldots \ldots \quad (6).$$

Hierin bezeichnet

$M_b$ das biegende Moment in dem Stabquerschnitt, an dem der Schlitz beginnt ($AA_1$ in Fig. 1),

$P$ die Schubkraft in diesem Querschnitte[2]),

$h$ die Höhe des Trägers,

$l_1$ die Länge des Schlitzes,

$w_1$ die lichte Höhe des Schlitzes,

$2\,a$ die Entfernung der Schwerpunkte der beiden Querschnitte $JJ_1$ und $J'J_1'$, Fig. 1, die in der Symmetrieebene des Loches liegen,

$f$ den Inhalt dieser Querschnitte,

$\Theta_1$ ihr Trägheitsmoment,

$\Theta$ das Trägheitsmoment des durch das Loch verschwächten gesamten Trägerquerschnittes,

$\mu$ eine Zahl, die zu setzen ist bei Gußeisen $= \frac{1}{2}\sqrt{\frac{h}{a}}$, bei schmiedbarem Eisen $= 1$.

---

[1]) Vergl. C. Bach, Maschinen-Elemente z B. 10. Auflage S. 56, oder C. Bach, Elastizität und Festigkeit 5. Auflage S. 249 f.

[2]) Für den Fall einer gleichmäßigen Verteilung der Belastung über den Träger setzt man für $P$ besser die Schubkraft in dem durch die Lochmitte gehenden Querschnitt.

— 42 —

Um die erhaltene Gl. (6) auf den Grad ihrer Genauigkeit zu prüfen, sind in der Materialprüfungsanstalt an der Kgl. Technischen Hochschule Stuttgart in Ergänzung der Bachschen Kolbenversuche die nachstehenden Versuche auf meine Anregung durchgeführt und die Ergebnisse in entgegenkommender Weise für meine Arbeit überlassen worden.

1) **Biegungsversuche mit unbearbeiteten Stäben aus grauem Gußeisen** von der Form der Fig. 7 und 8, aus derselben Pfanne gegossen. Zur Klarstellung der Abhängigkeit der Anstrengung von der Länge $l_1$ des

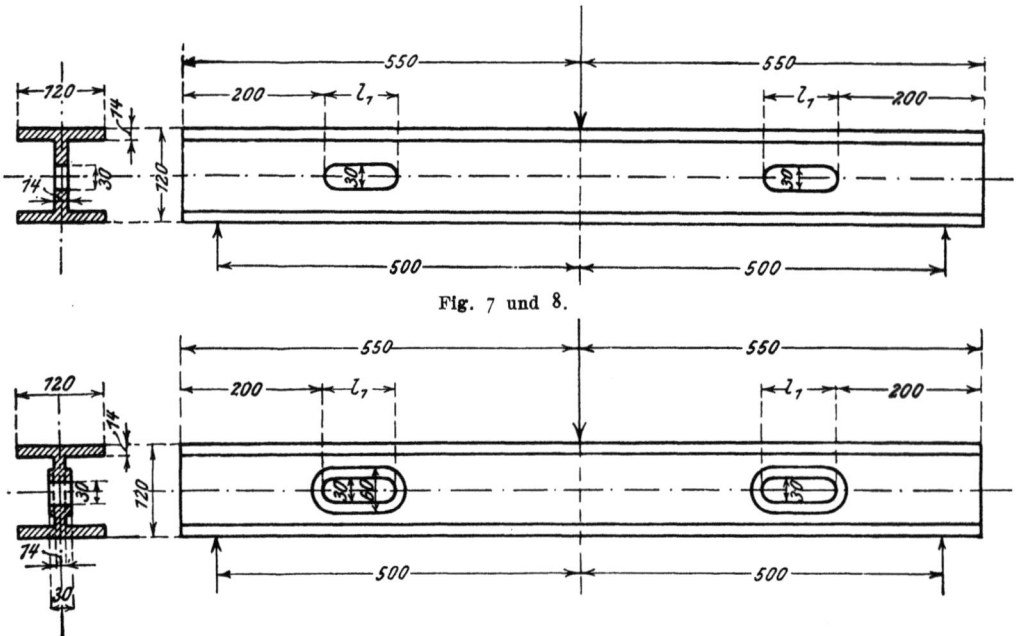

Fig. 7 und 8.

Fig. 9 und 10.

Schlitzes ist diese bei den einzelnen Stäben verschieden groß gewählt worden. Ebenso ist ein Teil der Körper am Lochrande mit Verstärkungen versehen, Fig. 9 und 10, um den Wert einer solchen auch durch den Versuch festzustellen. In der nachstehenden Zusammenstellung sind die einzelnen Versuchskörper angegeben.

| 1 | 2 | 3 | 4 | 5 |
|---|---|---|---|---|
| Stück | Darstellung in Fig. | Bezeichnung | Schlitzlänge $l_1$ mm | Bemerkungen |
| 1 | 11 und 12 | Balken 1 | 0 | |
| 1 | 13 » 14 | » 2 | 30 | Lochrand unverstärkt |
| 1 | 15 » 16 | » 3 | 60 | » » |
| 2 | 17 bis 20 | » 4 und 5 | 120 | » » |
| 2 | 21 » 24 | » 6 » 7 | 240 | » » |
| 2 | 25 » 28 | » 8 » 9 | 120 | Lochrand verstärkt |
| 2 | 29 » 32 | » 10 » 11 | 240 | » » |
| 1 | 34 und 35 | » 2a | 30 | Bruchstück von Balken 2 |
| 1 | 36 » 37 | » 3a | 60 | » » » 3a |

Die Versuchskörper, wie sie in Wirklichkeit von der Gießerei geliefert wurden, sind in den Fig. 11 bis 32 gezeichnet. Daselbst ist auch die Art der Belastung und die Bruchlinie ersichtlich.

Fig. 10 bis 31. Die eingeklammerten Zahlen gelten je nur für die Bruchlinie $a_1 b_1$.

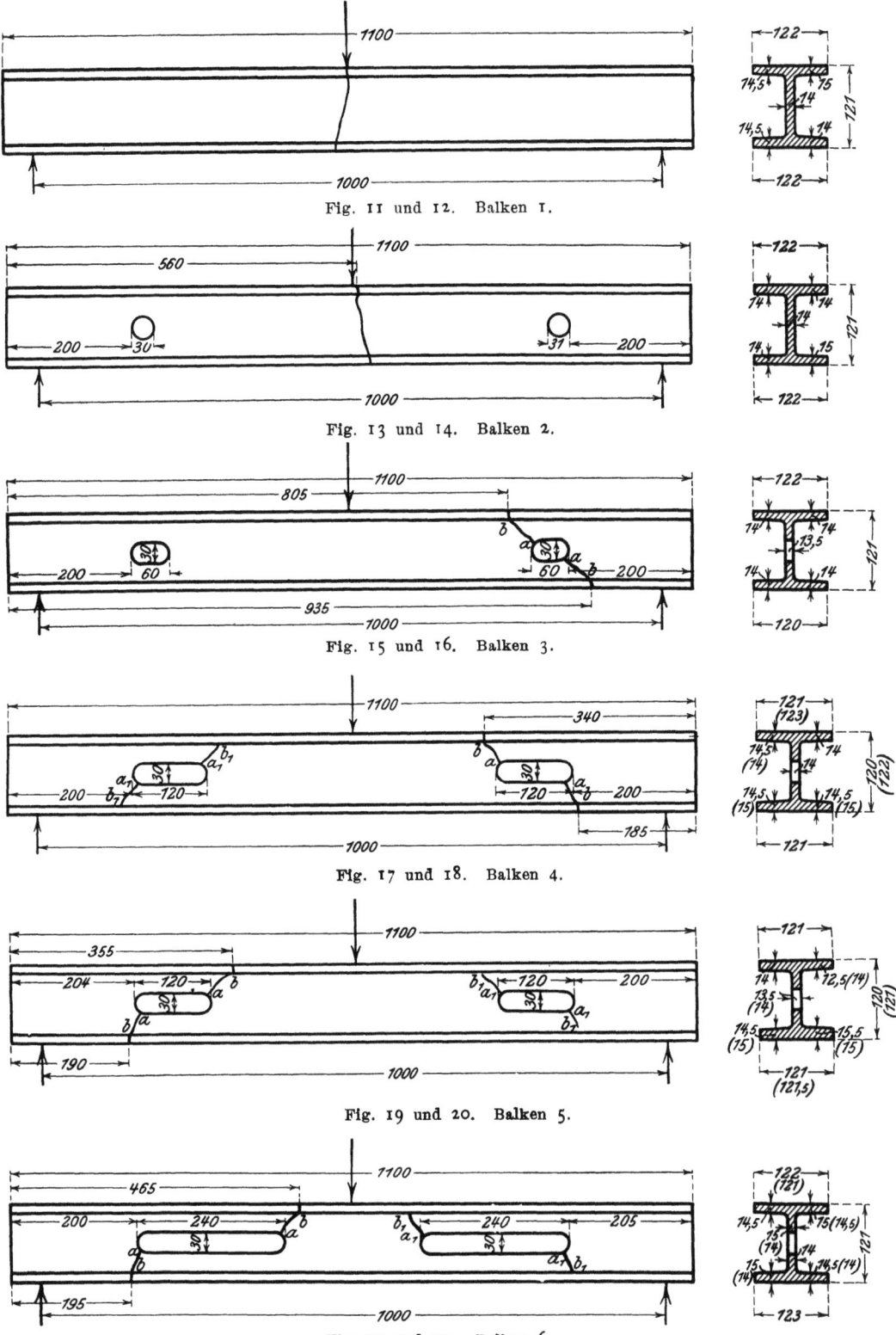

Fig. 11 und 12. Balken 1.

Fig. 13 und 14. Balken 2.

Fig. 15 und 16. Balken 3.

Fig. 17 und 18. Balken 4.

Fig. 19 und 20. Balken 5.

Fig. 21 und 22. Balken 6.

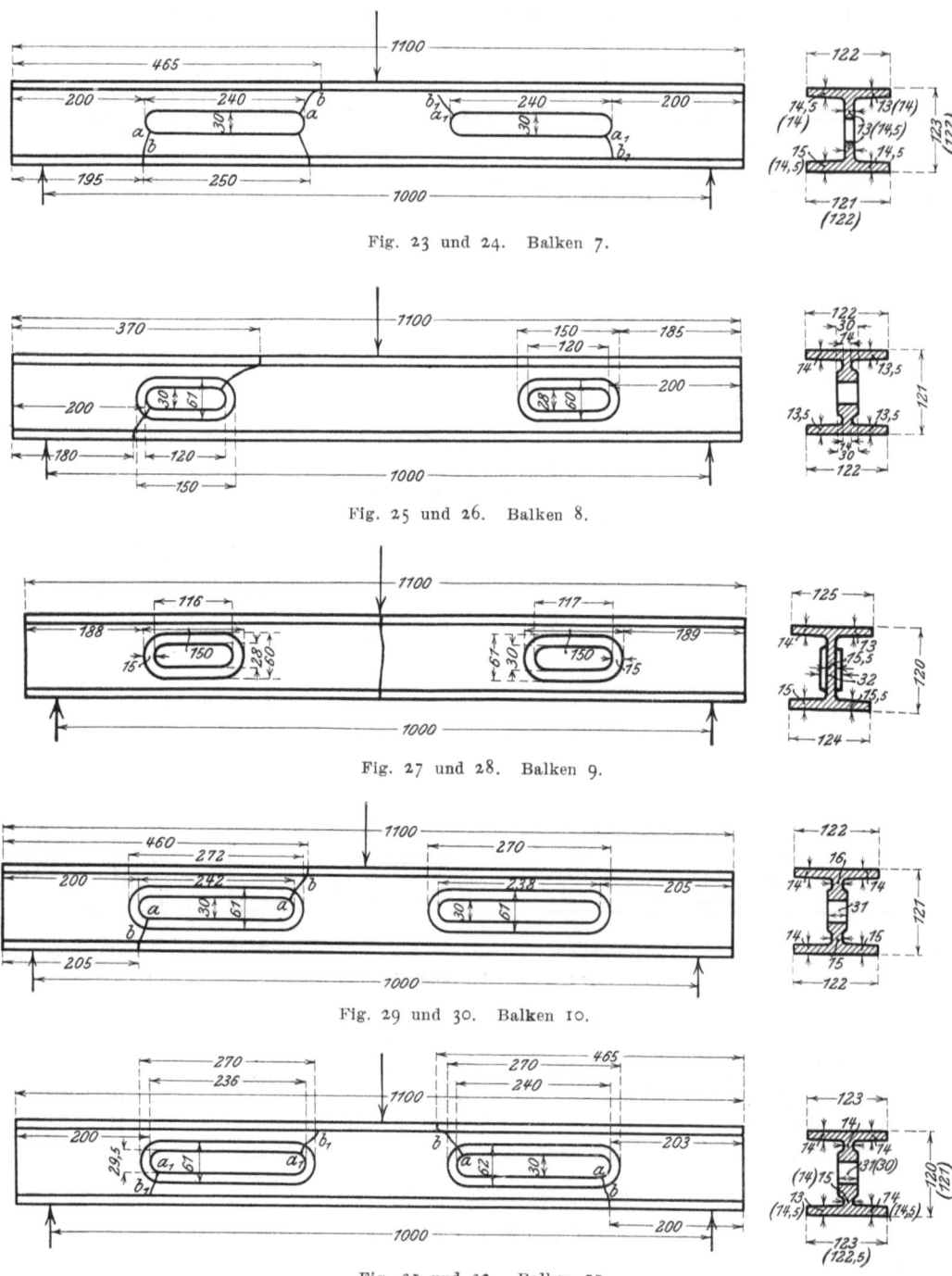

Fig. 23 und 24. Balken 7.

Fig. 25 und 26. Balken 8.

Fig. 27 und 28. Balken 9.

Fig. 29 und 30. Balken 10.

Fig. 31 und 32. Balken 11.

Eine photographische Darstellung der gebrochenen Versuchskörper gibt Fig. 33. Der schiefe Verlauf der Bruchlinien deutet darauf hin, daß hier nicht die gewöhnliche Biegung vorliegt.

Die längeren Bruchstücke der Balken 2 und 3 wurden gemäß Fig. 34 und 36 einer weiteren Biegungsbelastung unterworfen, wobei der Bruch wie in Fig. 38 dargestellt erfolgte.

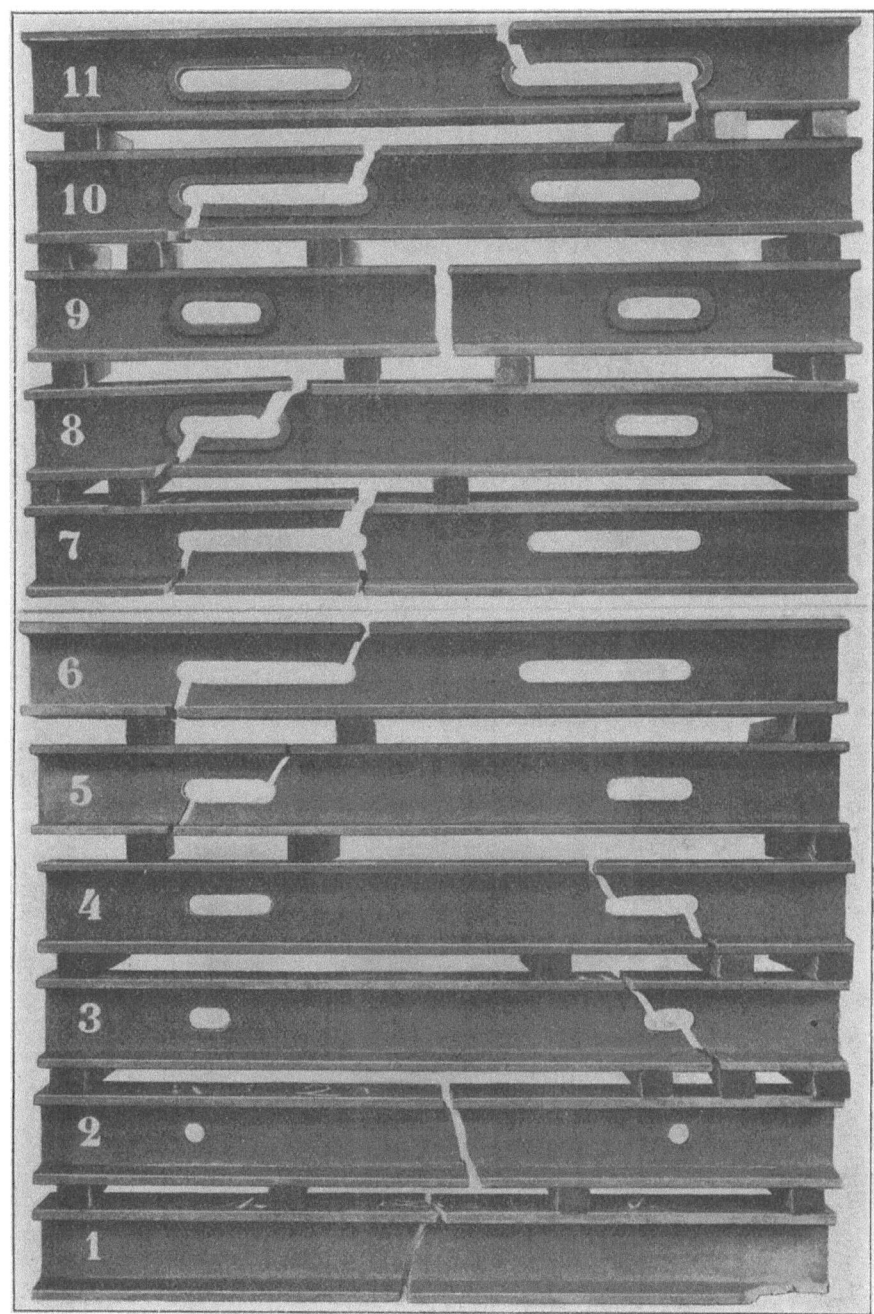

Fig. 33.

Zur Kennzeichnung des Materials, insbesondere zur Untersuchung der Gleichartigkeit desselben[1]) wurden ferner noch durchgeführt:

2) **Zugversuche mit Stäben aus den Versuchskörpern 1 und 4.** Die Entnahmestellen sind aus Fig. 39 ersichtlich.

---

[1]) Die Versuchskörper wurden stehend gegossen.

Der Versuchsbericht, welcher von der oben erwähnten Anstalt eingesandt wurde, lautete wie folgt:

1) Biegungsversuche.

### Balken 1.

Bei der Belastung $P = 18000$ kg springt am Auflager eine Ecke der Flansche des Balkens ab. Die Last sinkt infolgedessen. Beim Nachziehen erfolgt der Bruch in der aus Fig. 11 und 33 ersichtlichen Weise.

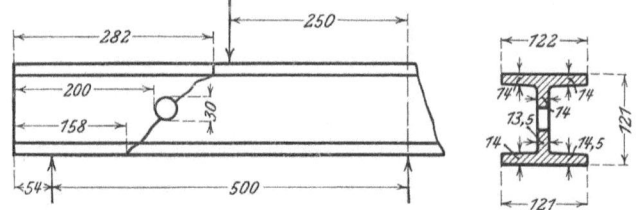

Fig. 34 und 35. Bruchstück von Balken 2.

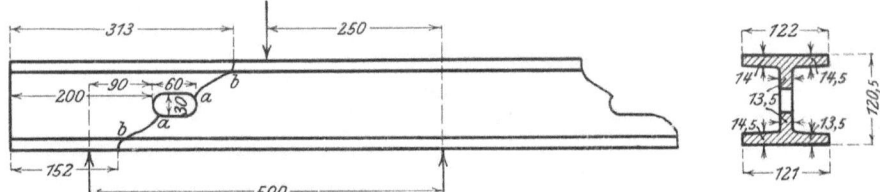

Fig. 36 und 37. Bruchstück von Balken 3.

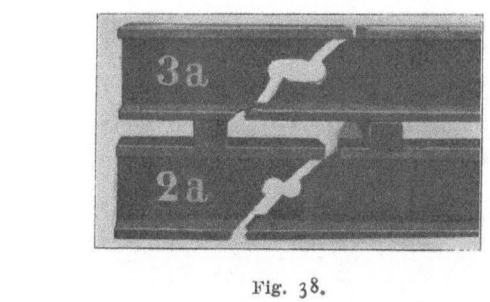

Fig. 38.

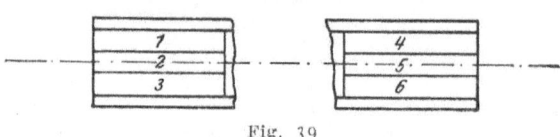

Fig. 39

### Balken 2.

Der Bruch erfolgt unter der Belastung $P = 17250$ kg (vergl. Fig. 13 und 33).

### Balken 3.

Bei der Belastung $P = 15400$ kg treten die Risse $ab$, Fig. 15, auf, nur bis zur Flansche reichend. Beim Nachziehen erfolgt der Bruch (vergl. Fig. 15 und 33).

### Balken 4.

Bei der Belastung $P = 12300$ kg treten die Risse $ab$, bei der Belastung $P = 13320$ kp die Risse $a_1 b_1$ auf, je nur innerhalb des Steges. Unter der Belastung $P = 13600$ kg erfolgt der Bruch rechts (vergl. Fig. 17 und 33).

Balken 5.

Bei der Belastung $P = 10500$ kg treten die Risse $ab$, bei der Belastung $P = 11790$ kg die Risse $a_1 b_1$ auf, je nur innerhalb des Steges. Unter der Belastung $P = 13320$ kg erfolgt der Bruch links (vergl. Fig. 19 und 33).

Balken 6.

Bei der Belastung $P = 6000$ kg treten die Risse $ab$, bei der Belastung $P = 6420$ kg die Risse $a_1 b_1$ auf, je nur innerhalb des Steges. Unter der Belastung $P = 7950$ kg erfolgt der Bruch links (vergl. Fig. 21 und 33).

Balken 7.

Bei der Belastung $P = 5520$ kg treten die Risse $ab$, bei der Belastung $P = 6410$ kg die Risse $a_1 b_1$ auf, je nur innerhalb des Steges. Unter der Belastung $P = 7720$ kg erfolgt der Bruch links (vergl. Fig. 23 und 33).

Balken 8.

Der Bruch erfolgt unter der Belastung $P = 17170$ kg (vergl. Fig. 25 und 33).

Balken 9.

Der Bruch erfolgt unter der Belastung $P = 18050$ kg (vergl. Fig. 27 und 33).

Balken 10.

Bei der Belastung $P = 9960$ kg treten die Risse $ab$ auf je nur innerhalb des Steges. Die Last sinkt. Beim Nachziehen tritt der Bruch ein (vergl. Fig. 29 und 33).

Balken 11.

Bei der Belastung $P = 8960$ kg treten die Risse $ab$, bei der Belastung $P = 8730$ kg die Risse $a_1 b_1$ auf, je nur innerhalb des Steges. Die Last sinkt. Beim Nachziehen erfolgt der Bruch rechts (vergl. Fig. 31 und 33).

Balken 2a.

Unter der Belastung $P = 25830$ kg tritt der Bruch ein in der aus Fig. 34 und 38 ersichtlichen Weise.

Balken 3a.

Bei der Belastung $P = 17300$ kg treten die Risse $ab$, je nur bis zur Flansche reichend, auf. Unter der Belastung $P = 18520$ kg erfolgt der Bruch (vergl. Fig. 36 und 38).

2) Zugversuche.

Die Ergebnisse sind in folgender Zusammenstellung enthalten:

| Stab Nr. | Breite $b$ cm | Dicke $d$ cm | Querschnitt $bd$ qcm | Bruchbelastung $P_{max}$ kg | $P_{min} : bd$ kg/qcm | Bemerkungen |
|---|---|---|---|---|---|---|
| Balken 1 — 1 | 1,73 | 1,07 | 1,85 | 4430 | 2395 | — |
| 2 | 1,73 | 1,01 | 1,85 | 4180 | 2389 | — |
| 3 | 1,73 | 1,01 | 1,85 | 3860 | 2206 | — |
| 4 | 1,50 | 0,90 | 1,35 | 2980 | 2207 | Bruchfläche mangelhaft |
| 5 | 1,50 | 1,00 | 1,50 | 3680 | 2433 | Bruch an der Einspannung |
| 6 | 1,50 | 1,00 | 1,50 | 2800 | 1867 | Bruchfläche mangelhaft |
| Balken 4 — 1 | 1,80 | 1,00 | 1,80 | 3880 | 2156 | Bruch außerh. d. zylindr. Fläche |
| 2 | 1,83 | 1,00 | 1,83 | 4250 | 2322 | — |
| 3 | 1,82 | 1,00 | 1,82 | 3080 | 1692 | Bruchfläche mangelhaft |
| 4 | 1,50 | 1,00 | 1,50 | 3260 | 2173 | — |
| 5 | 1,50 | 1,00 | 1,50 | 3340 | 2227 | — |
| 6 | 1,50 | 1,00 | 1,50 | 3790 | 2527 | — |

## Verarbeitung der Versuchsergebnisse.

Die Versuche lassen die nachteilige Wirkung der in der neutralen Schicht angeordneten Schlitze klar erkennen. Obwohl diese Durchbrechungen bei den Versuchskörpern verhältnismäßig nahe am Auflager angeordnet sind, also das Biegungsmoment an dieser Stelle wesentlich geringer ist als in der Balkenmitte, so erfolgt doch der Bruch an der Aussparung, und zwar bei wesentlich geringeren Belastungen als im unversehrten Balken. Beispielsweise ist die Bruchlast von Balken 7 nur der dritte Teil derjenigen von Balken 1. Nach den für den vollen Balken gültigen Beziehungen hätte sich hierbei die Anstrengung am Lochrand im Augenblick des Bruches etwa gleich dem siebenten Teil der wirklichen Beanspruchung ergeben. Man erkennt weiterhin, daß die Tragfähigkeit des Balkens um so geringer ist, je länger der Schlitz ist. Ferner ist ersichtlich, daß die bei den Balken 8 bis 11 am Lochrand angebrachten Verstärkungen den nachteiligen Einfluß des Loches erheblich mildern. **Die Anordnung von Aussparungen in der Neutralschicht erweist sich nach dem Vorstehenden von einer gewissen Länge des Schlitzes ab nachteiliger, als die Wegnahme des Materials an der äußersten Faser.**

Im Folgenden wird festgestellt, inwieweit die Gl. (6) mit den Versuchsergebnissen im Einklang steht. Die in diese Gleichung einzusetzenden Zahlenwerte sind für jeden einzelnen Träger in der nachstehenden Zusammenstellung angegeben. Dabei sind die an den Bruchstellen vorhandenen Abmessungen, welche aus den Fig. 11 bis 32 und 34 bis 37 ersichtlich sind, zugrunde gelegt worden. Sofern der Querschnitt an einzelnen Stellen sich nicht genau symmetrisch erwies, sind die Mittelwerte aus den einzelnen Zahlen in die Rechnung eingeführt worden. Für $\mu$ ergibt sich bei Balken 1 bis 7 rd.

$$\mu = \tfrac{1}{2}\sqrt{\tfrac{12}{4{,}86}} = 0{,}785,$$

bei Balken 8 bis 14

| 1 | 2 | 3 | 4 | 5 | 6 | 7 | 8 | 9 | 10 | 11 | 12 |
|---|---|---|---|---|---|---|---|---|---|---|---|
| Balken | $h$ | $l_1$ | $w_1$ | $f$ | $a$ | $\Theta_1$ | $\Theta$ | $P$ | $M_b$ | $\sigma_b$ nach Gl (6) | Mittelwerte von $\sigma_b$ für Stäbe gleicher Schlitzlänge |
| | cm | cm | cm | cm | cm | cm$^4$ | cm$^4$ | kg | kg·cm | kg/qcm | kg/qcm |
| 1 | 12,1 | 0 | — | — | — | — | 1101 | — | 9000·50 | 2465 | 2442 |
| 2 | 12,1 | — | — | — | — | — | 1088 | — | 8625·50 | 2420 | |
| 3 | 12,1 | 6 | 3 | 21,2 | 4,9 | 23,19 | 1063 | 7700 | 7700·15 | **2080** | **2080** |
| 4 | 12,0 | 12 | 3 | 21,77 | 4,83 | 24,37 | 1063 | 6150 | 6150·15 | **2640** | **2565** |
|   | 12,2 | 12 | 3 | 22,1 | 4,92 | 25,4 | 1117 | 6660 | 6660·15 | **2840** | |
| 5 | 12,0 | 12 | 3 | 21,25 | 4,86 | 23,12 | 1050 | 5250 | 5250·15 | **2360** | |
|   | 12,1 | 12 | 3 | 21,89 | 4,82 | 25,65 | 1070 | 5895 | 5895·15 | **2420** | |
| 6 | 12,1 | 24 | 3 | 22,56 | 4,82 | 25,36 | 1100 | 3000 | 3000·15 | **2290** | **2340** |
|   | 12,1 | 24 | 3 | 21,71 | 4,89 | 23,95 | 1070 | 3210 | 3210·15 | **2540** | |
| 7 | 12,3 | 24 | 3 | 21,53 | 4,98 | 25,00 | 1117 | 2760 | 2760·15 | **2160** | |
|   | 12,2 | 24 | 3 | 22,01 | 4,91 | 26,00 | 1112 | 3205 | 3205·15 | **2380** | |
| 8 | 12,1 | 12 | 2,8 | 23,30 | 4,63 | 41,20 | 1086 | 8585 | 8585·15 | **2490** | **2490** |
| 9 | 12,0 | — | — | — | — | — | 1110 | — | 9025·50 | 2450 | 2450 |
| 10 | 12,1 | 24,2 | 3 | 24,59 | 4,59 | 41,32 | 1120 | 4980 | 4980·15 | **2450** | **2230** |
| 11 | 12,0 | 24 | 3 | 24,16 | 4,56 | 40,28 | 1084 | 4345 | 4345·15 | **2160** | |
|    | 12,1 | 23,6 | 2,95 | 24,45 | 4,61 | 41,69 | 1120 | 4365 | 4365·15 | **2090** | |
| 2a | 12,1 | 3 | 3 | 31,52 | 4,89 | 24,28 | 1078 | 12915 | 12915·14,6 | 2190 | 2190 |
| 3a | 12,05 | 6 | 3 | 21,35 | 4,87 | 23,38 | 1059 | 9260 | 9260·15 | 2140 | 2140 |

$$\mu = {}^1/_2 \sqrt{\frac{12}{4,6}} = 0,81.$$

Da die Balken 4, 5, 6, 7 und 11 an beiden Schlitzen angebrochen sind und für jeden Anbruch die zugehörige Belastung gemessen ist, so erhält man für jeden von diesen zwei Rechnungswerte.

Beispielsweise wird für Balken 4

$$\sigma_b = \frac{12}{2} \frac{6150 \cdot 15}{1063} + 0,785 \frac{6150 \cdot 12}{4} \left( \frac{1}{4,83 \cdot 21,77} + \frac{4,83^{-3/2}}{24,37} \right)$$
$$= 520 + 2120 = 2640 \text{ kg/qcm}.$$

In gleicher Weise sind die übrigen in Spalte 11 der obigen Zusammenstellung angegebenen Werte berechnet.

In Spalte 12 sind noch die Mittelwerte für die Balken mit gleicher Schlitzlänge angegeben. Hiervon sind diejenigen durch Fettdruck besonders hervorgehoben, welche einem am Lochrand und nicht außen beginnenden Bruch entsprechen. Die nicht besonders hervorgehobenen Zahlen gehen aus dem gewöhnlichen Biegungsvorgang hervor und geben einfach die Biegungsfestigkeit des Stoffes bei I-förmigem Querschnitt wieder.

Man erkennt, daß die Zahlen unter sich in befriedigender Weise übereinstimmen, jedoch für die am Schlitz gebrochenen Balken die berechnete Biegungsfestigkeit im allgemeinen etwas kleiner ist, als bei den in der Balkenmitte gebrochenen. Dies gilt insbesondere für die Balken mit kurzer Schlitzlänge. Die benutzte Gl. (6) läßt demnach die Anstrengung des Trägers eher etwas zu gering erscheinen. Inwieweit Gußspannungen, die am Lochrand zweifellos vorhanden sind, hierbei beteiligt sind, können nur weitere Versuche entscheiden. Der Durchschnitt der gesperrt gedruckten Zahlen in Spalte 11 ergibt den Wert 2350, während der Durchschnitt der übrigen 2460 liefert, also Unterschied:

$$\frac{2460 - 2350}{2460} \cdot 100 = 4,5 \text{ vH}.$$

Aus der Zusammenstellung S. 47 ergibt sich als mittlere Zugfestigkeit des Stoffes, wenn man nur die einem gesunden Bruch entsprechenden Werte berücksichtigt, 2320 kg/qcm. Man sieht, daß die Rechnungswerte der Gl. (6) sich mehr der Zugfestigkeit als der Biegungsfestigkeit des Materials nähern, und es empfiehlt sich deshalb, bis auf weiteres in der Praxis mit der Beanspruchung nicht höher als bis auf die zulässige Anstrengung des Stoffes auf Zug gehen.

(Vergl. das Ergebnis der Versuche mit Hohlkolben S. 36.)

Stuttgart, im Juli 1909.              C. Pfleiderer.

### Heft 24.
**Klemperer:** Versuche über den ökonomischen Einfluß der Kompression bei Dampfmaschinen.
**Bach:** Versuche über die Festigkeitseigenschaften von Stahlguß bei gewöhnlicher und höherer Temperatur

### Heft 25.
**Häußer:** Untersuchungen über explosible Leuchtgas-Luftgemische.
**Föttinger:** Effektive Maschinenleistung und effektives Drehmoment, und deren experimentelle Bestimmung (mit besonderer Berücksichtigung großer Schiffsmaschinen).

### Heft 26 und 27.
**Roser:** Die Prüfung der Indikatorfedern.
**Wiebe** und **Schwirkus:** Beiträge zur Prüfung von Indikatorfedern.
**Staus:** Einfluß der Wärme auf die Indikatorfeder.
**Schwirkus:** Ueber die Prüfung von Indikatorfedern.
—, Auf Zug beanspruchte Indikatorfedern.

### Heft 28.
**Loewenherz** und **van der Hoop:** Wirbelstromverluste im Ankerkupfer elektrischer Maschinen.
**Bach:** Versuche über die Festigkeitseigenschaften von Flußeisenblechen bei gewöhnlicher und höherer Temperatur (hierzu Tafel 1 bis 4).

### Heft 29.
**Bach:** Druckversuche mit Eisenbetonkörpern.
—, Die Aenderung der Zähigkeit von Kesselblechen mit Zunahme der Festigkeit.
—, Zur Kenntnis der Streckgrenze.
—, Zur Abhängigkeit der Bruchdehnung von der Meßlänge.
—, Versuche über die Verschiedenheit der Elastizität von Fox- und Morison-Wellrohren.

### Heft 30.
**Berg:** Die Wirkungsweise federbelasteter Pumpenventile und ihre Berechnung.
**Richter:** Das Verhalten überhitzten Wasserdampfes in der Kolbenmaschine.

### Heft 31.
**Bach:** Versuche zur Ermittlung der Durchbiegung und der Widerstandsfähigkeit von Scheibenkolben.
**Stribek:** Warmzerreißversuche mit Durana-Gußmetall. Gesichtspunkte zur Beurteilung der Ergebnisse von Warmzerreißversuchen.
**Wendt:** Untersuchungen an Gaserzeugern.

### Heft 32.
**Richter:** Thermische Untersuchung an Kompressoren.
**v. Studniarski:** Ueber die Verteilung der magnetischen Kraftlinien im Anker einer Gleichstrommaschine.

### Heft 33.
**Wagner:** Apparat zur strobographischen Aufzeichnung von Pendeldiagrammen.
**Wiebe:** Der Temperaturkoeffizient bei Indikatorfedern.
**Bach:** Versuche über die Elastizität von Flammrohren mit einzelnen Wellen.
—, Die Bildung von Rissen in Kesselblechen.
—, Versuche über die Drehungsfestigkeit von Körpern mit trapezförmigem und dreieckigem Querschnitt.

### Heft 34.
**Köhler:** Die Rohrbruchventile. Untersuchungsergebnisse und Konstruktionsgrundlagen.
**Wiebe** und **Leman:** Untersuchungen über die Proportionalität der Schreibzeuge bei Indikatoren.

### Heft 35 und 36.
**Adam:** Ueber den Ausfluß von heißem Wasser.
**Ott:** Untersuchungen zur Frage der Erwärmung elektrischer Maschinen. I. Wärmeleitvermögen der lamellierten Armatur. II. Erwärmungsgleichungen für Feldspulen.
**Knoblauch** und **Jakob:** Ueber die Abhängigkeit der spezifischen Wärme $C_p$ des Wasserdampfes von Druck und Temperatur.

### Heft 37.
**Bendemann:** Ueber den Ausfluß des Wasserdampfes und über Dampfmengenmessung.
**Möller:** Untersuchungen an Drucklufthämmern.

### Heft 38.
**Martens:** Die Meßdose als Kraftmesser in der Materialprüfmaschine.

### Heft 39.
**Bach:** Versuche mit Eisenbetonbalken. Erster Teil.
—, Versuche mit einbetoniertem Thacher-Eisen.

### Heft 40.
Versuche an der Wasserhaltung der Zeche Franziska in Witten.
**Grübler:** Vergleichende Festigkeitsversuche an Körpern aus Zementmörtel.
**Lorenz:** Vergleichsversuche an Schiffschrauben.
—, Die Aenderung der Umlaufzahl und des Wirkungsgrades von Schiffschrauben mit der Fahrgeschwindigkeit.

### Heft 41.
**Hort:** Die Wärmevorgänge beim Längen von Metallen.
**Mühlschlegel:** Regulierversuche an den Turbinen des Elektrizitätswerkes Gersthofen am Lech.

### Heft 42.
**Biel:** Die Wirkungsweise der Kreiselpumpen und Ventilatoren. Versuchsergebnisse und Betrachtungen.

### Heft 43.
**Schlesinger:** Versuche über die Leistung von Schmirgel- und Karborundumscheiben bei Wasserzuführung.

### Heft 44.
**Biel:** Ueber den Druckhöhenverlust bei der Fortleitung tropfbarer und gasförmiger Flüssigkeiten.

### Heft 45 bis 47.
**Bach:** Versuche mit Eisenbetonbalken. Zweiter Teil.

### Heft 48.
**Becker:** Strömungsvorgänge in ringförmigen Spalten und ihre Beziehungen zum Poiseuilleschen Gesetz.
**Pinegin:** Versuche über den Zusammenhang von Biegungsfestigkeit und Zugfestigkeit bei Gußeisen.

### Heft 49.
**Martens:** Die Stulpenreibung und der Genauigkeitsgrad der Kraftmessung mittels der hydraulischen Presse.
**Wieghardt:** Ueber ein neues Verfahren, verwickelte Spannungsverteilungen in elastischen Körpern auf experimentellem Wege zu finden.
**Müller:** Messung von Gasmengen mit der Drosselscheibe.

### Heft 50.
**Rötscher:** Versuche an einer 2000 pferdigen Riedler-Stumpf-Dampfturbine.

### Heft 51 und 52.
**Bach:** Versuche mit gewölbten Flammrohrböden.

### Heft 53.
**Gensecke:** Untersuchung einer mittelbaren Dampfmaschinenregelung.

### Heft 54.
**Nägel:** Versuche über die Zündgeschwindigkeit explosibler Gasgemische.
**Nägel:** Versuche an der Gasmaschine über den Einfluß des Mischungsverhältnisses.

### Heft 55.
**P. Rieppel:** Versuche über die Verwendung von Teerölen zum Betrieb des Dieselmotors.
**W. Borth:** Untersuchungen über den Verbrennungsvorgang in der Gasmaschine.

### Heft 56 und 57.
**Kammerer:** Versuche mit Riemen- und Seiltrieben.

### Heft 58.
**Heilemann:** Beitrag zur Kenntnis des Wirkungsgrades trockener Luftkompressoren.

### Heft 59.
Arbeiten des Materialprüfungs-Ausschusses des Vereines deutscher Ingenieure.

### Heft 60.
**Fritzsche:** Untersuchungen über den Strömungswiderstand der Gase in geraden zylindrischen Rohrleitungen.

### Heft 61.
**Sarfert:** Ueber das Schwingen der Wechselstrommaschinen im Parallelbetrieb.

### Heft 62.
**Magin:** Optische Untersuchung über den Ausfluß von Luft durch eine Lavaldüse.
**Meyer:** Ueber zweidimensionale Bewegungsvorgänge in einem Gas, das mit Ueberschallgeschwindigkeit strömt.

### Heft 63 und 64.
**W. Nußelt:** Die Wärmeleitfähigkeit von Wärmeisolierstoffen.

If you have any concerns about our products,
you can contact us on
**ProductSafety@springernature.com**

In case Publisher is established outside the EU,
the EU authorized representative is:
**Springer Nature Customer Service Center GmbH
Europaplatz 3, 69115 Heidelberg, Germany**

Printed by Libri Plureos GmbH
in Hamburg, Germany